Mathefreunde 2

Erarbeitet von

Jana Elsner

Ursula Kluge

Nancy Kunkis

Grit Kurtzmann

Jana Richter

Birgit Schlabitz

Carmen Sobek

Cornelsen

INHALT

Körper

Addieren und Subtrahieren ohne Zehnerübergang

Symmetrie

Addieren und Subtrahieren mit Zehnerübergang

Zeit

Multiplizieren und Dividieren

Zeit

Daten und Wahrscheinlichkeit

Masse

Projektseiten

Addieren und Subtrahieren bis 10

1

5 + 4 = __

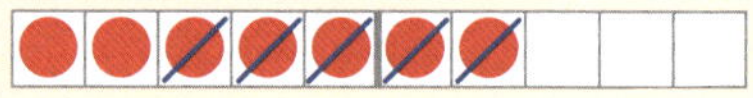

7 – 5 = __

ERINNERE DICH

Summand		Summand		Summe
5	+	3	=	8

(5 + 3: Summe)

Minuend		Subtrahend		Differenz
8	–	3	=	5

(8 – 3: Differenz)

2 Berechne die Summe.

a) 8 + 2 = __
2 + 5 = __
3 + 6 = __
1 + 7 = __

b) 2 + 0 = __
5 + 4 = __
6 + 3 = __
4 + 4 = __

3 Berechne den Summanden.

a) 7 + __ = 10
6 + __ = 10
4 + __ = 10
2 + __ = 10

b) __ + 4 = 6
__ + 5 = 8
__ + 4 = 7
__ + 5 = 9

4 Berechne die Differenz.

a) 10 – 2 = __
10 – 5 = __
10 – 3 = __
10 – 6 = __

b) 7 – 4 = __
8 – 6 = __
9 – 5 = __
6 – 6 = __

5 Berechne den Subtrahenden.

a) 9 – __ = 3
7 – __ = 1
9 – __ = 6
10 – __ = 5

b) 9 – __ = 7
7 – __ = 2
8 – __ = 3
6 – __ = 2

6

Amirs Zahl: __

Bens Zahl: __

1: Bilder beschreiben, dabei Addition und Subtraktion sowie deren Fachbegriffe wiederholen
2 bis 5: Bei Bedarf Aufgaben nachlegen

APP

AH S. 2

Addieren und Subtrahieren bis 20

1

Die kleine Aufgabe hilft.

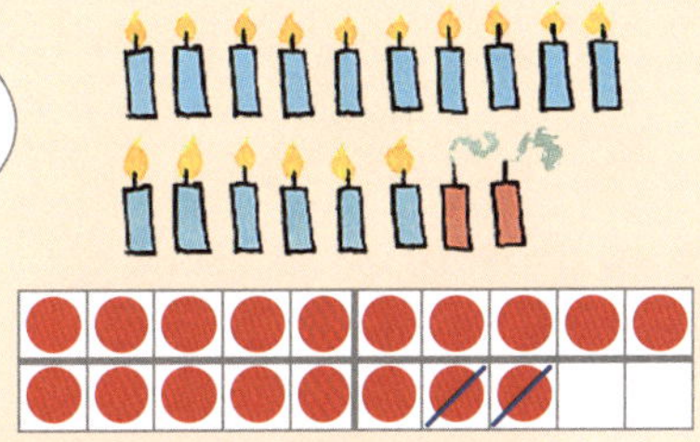

13 + 4 =
weil 3 + 4 = 7

18 − 2 =
weil 8 − 2 = 6

2

a) 11 + 6 =
13 + 3 =

b) 14 + 4 =
15 + 2 =

c) 12 + 4 =
16 + 3 =

d) 11 + 5 =
13 + 7 =

3

a) 15 − 3 =
19 − 5 =

b) 17 − 4 =
18 − 3 =

c) 17 − 3 =
13 − 2 =

d) 16 − 5 =
20 − 4 =

4

a) 4 + 14 =
5 + 12 =
6 + 14 =
2 + 15 =

b) 15 + 2 =
6 + 13 =
4 + 12 =
11 + 8 =

Die Tauschaufgabe kann dir helfen.

c) 14 + ☐ = 18
12 + ☐ = 17
15 + ☐ = 19
11 + ☐ = 16

4 4 5 5 16 17 17 17 18 19 19 20

5

Ich kontrolliere mit der Umkehraufgabe.

a) 16 − 4 =
18 − 4 =
15 − 5 =
19 − 3 =

b) 20 − 3 =
20 − 5 =
20 − 7 =
20 − 4 =

c) 17 − ☐ = 13
14 − ☐ = 11
19 − ☐ = 14
16 − ☐ = 12

3 4 4 5 10 12 13 14 15 16 16 17

6

a)
☐
16 | 3
☐ | 2 | ☐

b)
20
8 | ☐
☐ | 2 | ☐

c)
18
☐ | 5
☐ | 3 | ☐

Addieren und Subtrahieren mit Zehnerübergang

1

8 + 5 = ___

8 + 2 = 10

10 + 3 = ___

14 − 6 = ___

14 − 4 = 10

10 − 2 = ___

2

a)	b)	c)	d)
7 + 6 = ___	6 + 8 = ___	12 − 6 = ___	17 − 9 = ___
4 + 8 = ___	8 + 8 = ___	11 − 5 = ___	15 − 7 = ___
8 + 7 = ___	5 + 6 = ___	14 − 7 = ___	12 − 8 = ___
9 + 6 = ___	4 + 7 = ___	13 − 4 = ___	16 − 9 = ___

4 6 6 7 7 8 8 9 11 11 12 13 14 15 15 16

3

a)	b)	c)	d)
6 —(+ 5)→ ___	8 —(+ 6)→ ___	15 —(− 6)→ ___	13 —(− 6)→ ___
7 —(+ 4)→ ___	5 —(+ 8)→ ___	14 —(− 8)→ ___	16 —(− 9)→ ___

4

a)

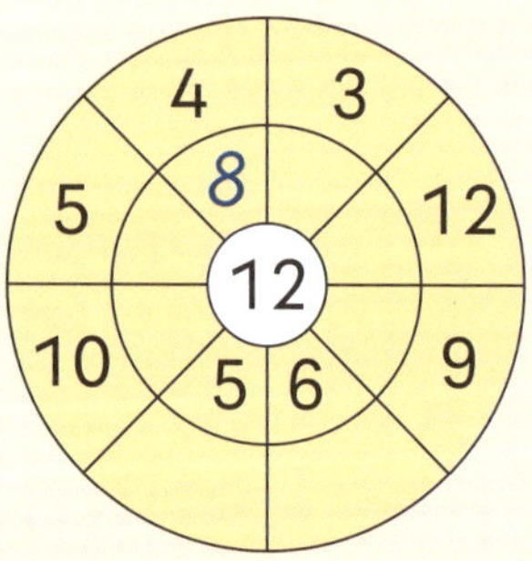

b)

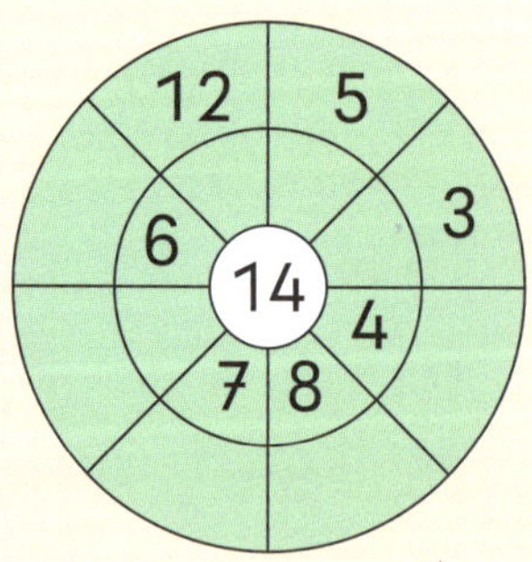

5 Setze das richtige Zeichen ein: <, >, =.

a)	b)	c)
14 + 4 ◯ 18	4 + 7 ◯ 11	8 + 4 ◯ 7 + 6
17 − 3 ◯ 15	11 − 4 ◯ 6	12 − 5 ◯ 11 − 7
12 + 5 ◯ 16	6 + 8 ◯ 15	7 + 6 ◯ 9 + 5
19 − 3 ◯ 17	20 − 6 ◯ 15	14 − 6 ◯ 13 − 6

1 und 2: Zehnerübergang thematisieren und verschiedene Rechenstrategien besprechen
4: KV 3 (HRU) nutzen
5: Bedeutung der Relationszeichen wiederholen

APP

AH S. 3

6

die Zahl	2	5	7	9	10
das Doppelte					

die Zahl	2	8	10	14	16
die Hälfte					

7 Richtig (r) oder falsch (f)? Berichtige die Fehler.

a) 7 + 5 = 13 (f) 12
8 + 4 = 11 ◯ ☐☐
9 + 5 = 15 ◯ ☐☐
6 + 8 = 14 ◯ ☐☐

b) 13 − 5 = 7 ◯ ☐☐
17 − 8 = 9 ◯ ☐☐
15 − 8 = 8 ◯ ☐☐
12 − 5 = 9 ◯ ☐☐

c) 8 + 5 = 12 ◯ ☐☐
14 − 7 = 8 ◯ ☐☐
6 + 6 = 12 ◯ ☐☐
15 − 7 = 7 ◯ ☐☐

8 Bilde Aufgabenfamilien. Schreibe sie in dein Heft.

a) 7 6 13
b) 8 7 15
c) 6 ◯ 15
d) ◯ 8 17
e) ◯ ◯ 14
f) ◯ 20 ◯

S. 7 / 8

a) 7, 6, 13
7 + 6 =
6 + 7 =
13 − 6 =
13 − 7 =

9

a)

+	4	6	8
5			
7			

b)

−	2	5	7
16			
12			

c)

−	3		8
15		9	
			5

5 6 7 7 7 9 9 10 10 11 11 11 12 13 13 13 14 15

10

a) 14
11 + ☐
8 + ☐
☐ + 7
☐ + 9

b) 15
8 + ☐
☐ + 9
4 + ☐☐
☐☐ + ☐☐

c) 8
11 − ☐
14 − ☐
☐☐ − 8
☐☐ − 9

d) 7
13 − ☐
16 − ☐
☐☐ − 5
☐☐ − ☐

8: Zusammenhang zwischen den 4 Aufgaben wiederholen, dabei die Fachbegriffe „Tauschaufgabe“ und „Umkehraufgabe“ nutzen
9: KV 4 (HRU) nutzen

APP

AH S. 3
ÜH S. 3

Die Zehnerzahlen bis 100

1 Welche Zahlen kannst du entdecken?

2 Zeigt die Zehnerzahlen und rechnet bis 100.

10
10 + 10 =
20 + 10 =
30 + 10 =
40 + =
+ =
+ =
+ =
+ =
+ =

3 Wie viele sind es?

a) 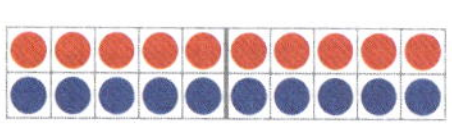

b) 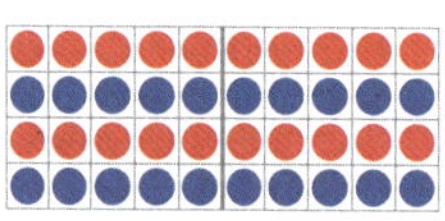

c) 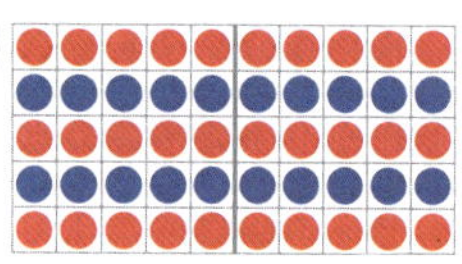

d) 

4 Legt mit Zehnerstreifen.

10	30	50	60	80	100

1: Über Zehnerzahlen in der Umwelt sprechen, weitere Zehnerzahlen finden
2: Zehnerzahlen handelnd mit dem Hunderterfeld (Beilage) erarbeiten
3 und 4: Mit Zehnerstreifen (Beilage) legen

APP

AH S. 4

5 Wie geht es weiter?

6 Schreibe alle Zehnerzahlen auf,

a) die zwischen 20 und 60 liegen. ___ , ___ , ___

b) die zwischen 40 und 80 liegen. ___ , ___ , ___

c) die zwischen 0 und 40 liegen. ___ , ___ , ___

7

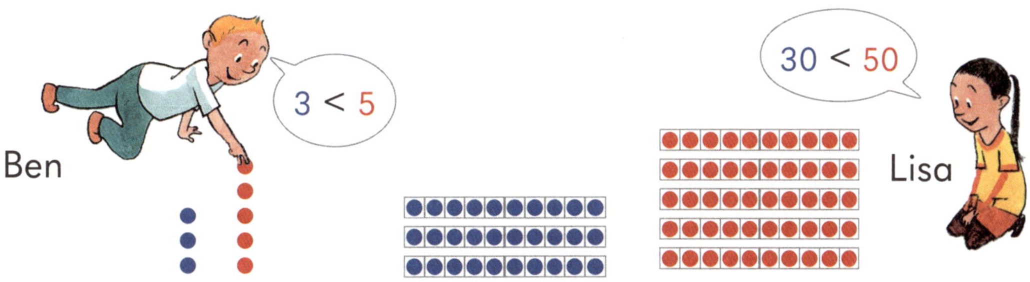

a)		b)		c)		d)	
3 ◯ 5		8 ◯ 4		7 ◯ 9		6 ◯ 1	
30 ◯ 50		80 ◯ 40		70 ◯ 90		60 ◯ 10	

8 Vergleiche: <, >, =.

a)	b)	c)	d)
50 ◯ 20	10 ◯ 30	70 ◯ 100	60 ◯ 60
0 ◯ 10	90 ◯ 60	50 ◯ 30	10 ◯ 100
40 ◯ 80	50 ◯ 50	80 ◯ 60	30 ◯ 20
30 ◯ 40	70 ◯ 80	20 ◯ 20	70 ◯ 70

9 Ordne die Zehnerzahlen.

a) Beginne mit der größten Zahl. 50 80 60 90 30 20

b) Beginne mit der kleinsten Zahl. 10 40 70 100 30 80

5: Differenzierung: Zählen in Zwanzigerschritten vorwärts und rückwärts
7: Einführung des Vergleichens von Zehnerzahlen mithilfe des bekannten Zahlenraumes, dabei Analogie zwischen Einern und Zehnern erkennen und beschreiben, bei Bedarf Beispiele (Beilage) legen

APP

Addieren und Subtrahieren mit Zehnerzahlen

1 Erkläre, wie du rechnen kannst.

Addieren	Subtrahieren
30 + 20 =	50 – 20 =
weil 3 + 2 =	weil 5 – 2 =

2 a) Addiere. Rechne zuerst die kleine Aufgabe.

30 + 40 = 60 + 20 = 50 + 40 = 10 + 70 =
3 + 4 = 6 + ___ = 5 + ___ = ___ + ___ =

b) Subtrahiere. Rechne zuerst die kleine Aufgabe.

70 – 60 = 50 – 20 = 40 – 30 = 100 – 60 =
7 – 6 = 5 – ___ = 4 – ___ = ___ – ___ =

3
a) 70 + 10 = 90 + 10 = 30 + 60 = 40 + 50 =
b) 100 – 30 = 70 – 30 = 20 – 20 = 80 – 20 =
c) 60 + 30 = 20 + 80 = 70 – 40 = 60 – 10 =
d) 50 – 30 = 20 + 70 = 20 – 10 = 90 – 90 =

0 0 10 20 30 40 50 60 70 80 90 90 90 90 100 100

4 Max und Lisa sammeln Karten.
Lisa hat 30 Karten und Max hat 40 Karten.

a) Wie viele Karten haben sie zusammen?

b) Max schenkt Lisa 10 Karten.
Wie viele Karten hat Lisa nun?

1: Von der kleinen, bekannten Aufgabe auf die neue Aufgabe schließen, Legematerial nutzen
2 und 3: Bei Bedarf Legematerial verwenden

APP

AH S. 5

5 Bilde Aufgabenfamilien. Schreibe sie in dein Heft.

a) 30 50 80 b) 50 40 90 c) 20 70 90

d) 70 20 ___ e) 20 60 ___ f) ___ 50 100

6 Rechne Aufgabe und Umkehraufgabe.

a) ___ – 40 = 20
20 + 40 = ___

b) ___ – 50 = 40
___ + ___ = ___

c) ___ – 80 = 0
___ + ___ = ___

7
50 + ___ = 100
40 + ___ = 100
30 + ___ = 100
80 + ___ = 100
10 + ___ = 100

20 50 60 70 90

8
a) 100 – 50 = ___
100 – 80 = ___
100 – 30 = ___
100 – 20 = ___
100 – 10 = ___

b) 80 – ___ = 50
30 – ___ = 10
90 – ___ = 60
50 – ___ = 10
100 – ___ = 10

20 20 30 30 40 50 70 80 90 90

9 In der Klasse 2a lernen 20 Kinder.
Jedes Kind nimmt einen Kaugummi aus der Dose.
Wie viele Kaugummis sind noch in der Dose?

10 Setze das richtige Zeichen ein: <, >, =.

a)
50 + 20 ○ 80
60 + 40 ○ 100
20 + 20 ○ 80
70 + 20 ○ 90

b)
90 – 50 ○ 30
70 – 30 ○ 40
70 – 70 ○ 0
100 – 30 ○ 60

c)
50 + 40 ○ 60 + 20
40 – 30 ○ 90 – 80
70 + 10 ○ 90 – 20
20 + 40 ○ 60 – 0

11 Milas Mutter feiert Geburtstag. Sie wird 30 Jahre alt.
Ihre Oma ist doppelt so alt. Wie alt ist Milas Oma?

6: Platzhalteraufgaben mithilfe von Umkehraufgaben lösen
7: Ergänzung zur 100 mithilfe der „verliebten Zahlen"

Alle Zahlen bis 100

1

2 Lege nach. Wie viele Zehner und Einer sind es?

a) 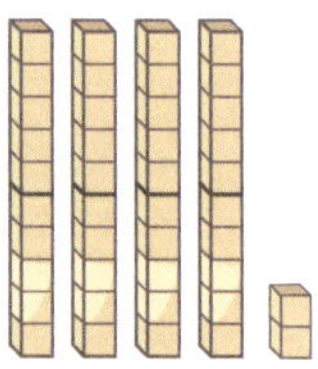

Z	E

40 + =

b) 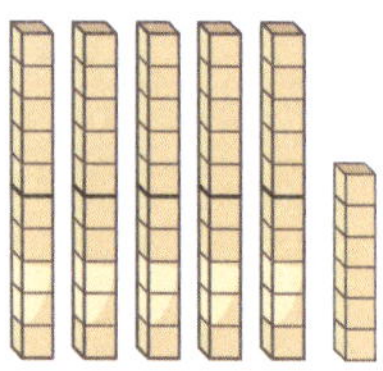

Z	E

+ =

c) 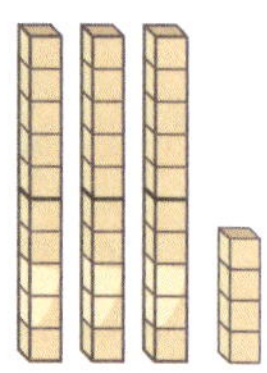

Z	E

+ =

d) 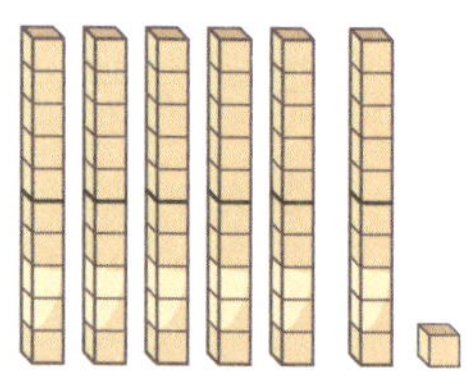

Z	E

+ =

3 Lege und rechne in deinem Heft.

a)	b)	c)	d)
6 Z 2 E	8 Z 9 E	7 Z 2 E	9 Z 9 E
4 Z 3 E	5 Z 4 E	5 Z 8 E	6 Z 4 E
6 Z 9 E	2 Z 9 E	8 Z 2 E	7 Z 9 E

S. 12 / 3
a) 60 + 2 =

4 Schreibe als Additionsaufgabe.

a) 

40 + =

b) 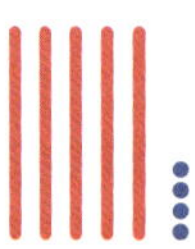

+ =

c) 

+ =

d) 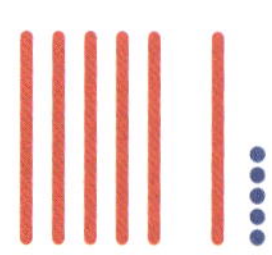

+ =

1: Einführung der Zahlen bis 100 mithilfe verschiedener Darstellungsweisen (Stellenwerttafel, Legematerial, Strich-Punkt-Darstellung, Zahlenkarten); Unterschied der Sprech- und Schreibweise thematisieren
2: Weitere Zahlen legen 3 und 4: Bei Bedarf Legematerial verwenden

APP

AH S. 6

5 Male Zahlbilder in dein Heft. Schreibe die Zahlen.

a) 3 Z 7 E
5 Z 4 E

b) 2 Z 3 E
4 Z 7 E

c) 5 Z 2 E
3 Z 2 E

d) 9 Z 5 E
7 Z 9 E

S. 13 / 5
a) 37

6 Male Zahlbilder.

a) 26 b) 81 c) 54

d) 65 e) 34 f) 44

7

a) 30 + 7 =
50 + 3 =
80 + 4 =
40 + 6 =

b) 90 + 8 =
10 + 4 =
60 + 5 =
50 + 6 =

c) 20 + ☐ = 23
70 + ☐ = 74
40 + ☐ = 43
50 + ☐ = 57

d) 60 + ☐ = 68
20 + ☐ = 26
90 + ☐ = 95
30 + ☐ = 39

8 Schreibe als Additionsaufgabe.

a) 82 80 + 2 =
56
48
94
72

b) 45
31
76
38
29

c) 23
69
51
87
84

9 Nenne eine Zahl. Ein anderes Kind zeichnet und schreibt die Zahl. Vergleicht.

10

a) 2 12 22

Wie geht es weiter?

b) 36 46

c) 43 44

9: Differenzierung: Zahlenkarten nutzen
10: Muster erkennen und weiterführen; Differenzierung: Regel beschreiben

Die Hundertertafel

1

Max

In jeder Spalte sind 10 Zahlen.

1	2	3	4	5	6	7	8	9	10
11	12	13	14	15	16	17	18	19	20
21	22	23	24	25	26	27	28	29	30
31	32	33	34	35	36	37	38	39	40
41	42	43	44	45	46	47	48	49	50
51	52	53	54	55	56	57	58	59	60
61	62	63	64	65	66	67	68	69	70
71	72	73	74	75	76	77	78	79	80
81	82	83	84	85	86	87	88	89	90
91	92	93	94	95	96	97	98	99	100

Mila

In jeder Zeile sind 10 Zahlen.

2 Zeigt an der Hundertertafel.

57 32 70 94 68 12 85

nebeneinander

untereinander

3 a) Zeige die Zahl 18. Welche Zahlen stehen darunter?

b) Zeige die Zahl 92. Welche Zahlen stehen darüber?

c) Zeige die Zahl 41. Welche Zahlen stehen daneben?

Was verändert sich?

4 Finde und schreibe alle Zahlen mit

a) 5 Einern. 5, 15,

b) 7 Zehnern.

c) 0 Einern.

d) gleichen Zehnern und Einern.

5 Zeige an der Hundertertafel. Wie heißt die Zahl?

Ich starte bei der 53 und gehe 3 Felder nach rechts.

Lisa

Ich beginne bei der 27 und gehe 5 Felder nach links.

Ben

Ich bin auf der 35 und gehe 3 Felder nach unten.

Anna

Lisas Zahl:

Bens Zahl:

Annas Zahl:

1: Hundertertafel (Beilage) einführen und über Aufbau sprechen, dabei Begriffe „Spalte“ und „Zeile“ thematisieren
3: Erarbeitung, dass sich in jeder Spalte die Zehner und in jeder Zeile die Einer verändern
5: Sich nach Vorgabe auf dem Hunderterfeld bewegen, Differenzierung: eigene Rätsel erfinden

APP AH S. 7 und 8

6 Wie heißen die farbig markierten Zahlen? Trage sie ein.

1	2	3	4	5	6	7	8	9	10
11									20
21		23							30
31									40
41									50
51									60
61					66				70
71									80
81									90
91									100

	2	3	4	5	6	7	8	9	
11									
21									
31									
41									
51									
61									
71									
81									

7 Wie heißen die verdeckten Zahlen?

1	2	3		5			8	9	10
11									
51									60
81									
91									100

8 Decke eine Zahl ab, ein anderes Kind nennt die Zahl.

9 Trage die fehlenden Zahlen ein.

a)

	86
95	

b)

23		
	34	

c)

		50
	59	

d)

	59	
68		

e)

33	
53	

f)

47	48	

g)

		78
86	87	88

h)

25		27
45		

6 bis 8: Wissen über die Anordnung der Zahlen in Spalten und Zeilen anwenden
8: Hundertertafel (Beilage) nutzen
9: Differenzierung: Schablone verwenden

AH S. 7 und 8

Der Zahlenstrahl

1 Trage die markierten Zahlen ein.

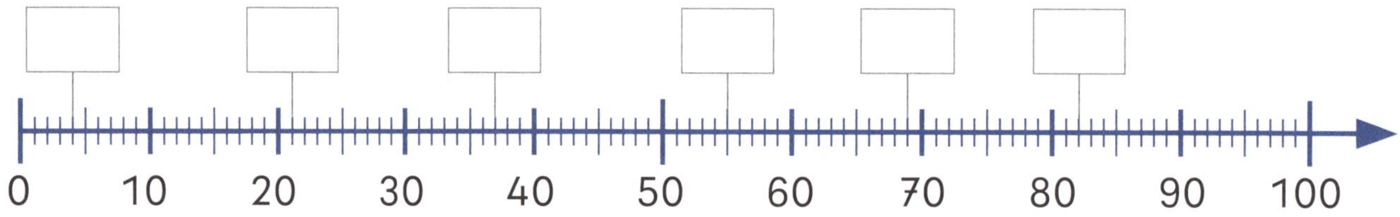

2 Zeigt die Zahlen am Zahlenstrahl. Zählt weiter.

6	28	32	35	39	43	57	65	74	81	99

3

25 ist der Vorgänger von 26.

27 ist der Nachfolger von 26.

a)

V	Z	N
13	14	
	54	
	69	
	80	

b)

V	Z	N
69		
98		
		37
		40

4 Wie heißen die Nachbarzehner (NZ)? Zeigt am Zahlenstrahl.

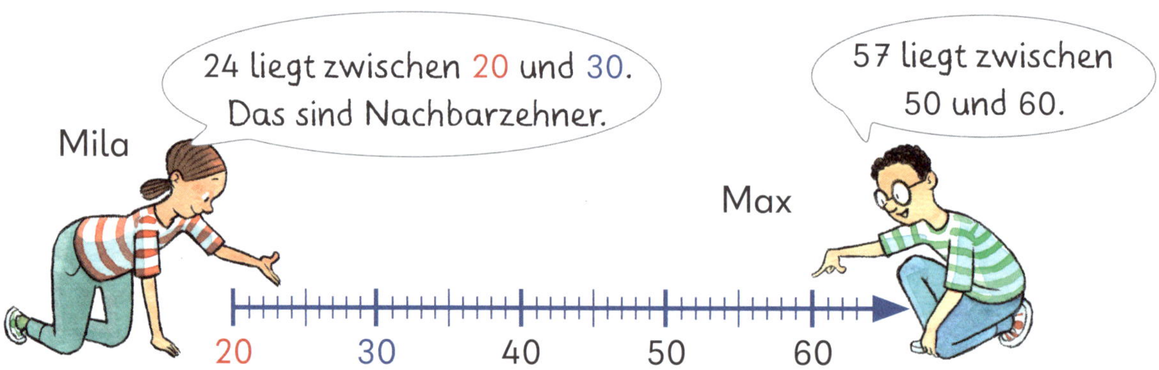

a)

NZ	Z	NZ
20	24	
	57	
	49	
	34	

b)

NZ	Z	NZ
	65	
	13	
	97	
	71	

c)

NZ	Z	NZ
	26	
	88	
	49	
	84	

KV 7 (HRU) nutzen 1 und 2: Orientierung auf dem Zahlenstrahl, vorwärts und rückwärts zählen
3: Begriffe „Vorgänger“ und „Nachfolger“ wiederholen
4: Nachbarzehner mithilfe des Zahlenstrahls einführen

APP AH S. 9 und 10

5 Vergleiche: <, >, =.

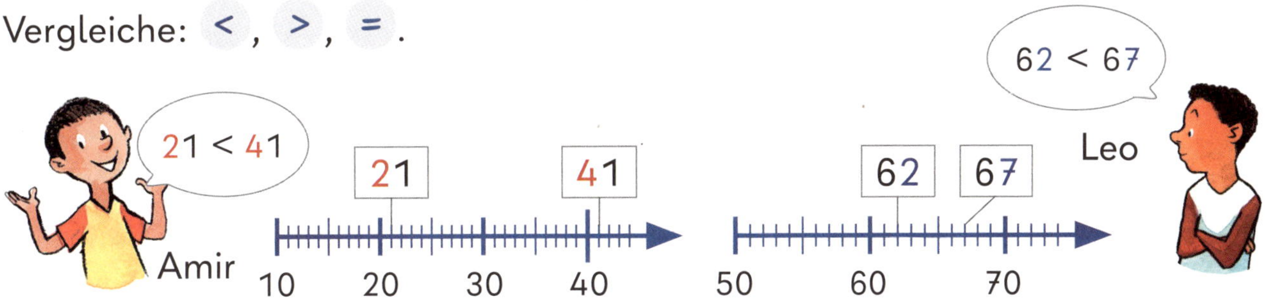

a) 21 < 61
76 ◯ 59
82 ◯ 28
55 ◯ 77

b) 66 ◯ 44
58 ◯ 85
63 ◯ 62
53 ◯ 53

c) 37 ◯ 40
50 ◯ 48
99 ◯ 11
48 ◯ 81

6 Finde passende Zahlen.

a) 55 > 54
55 > ▢
55 > ▢
55 > ▢

b) 21 < ▢
21 < ▢
21 < ▢
21 < ▢

c) 82 > ▢
82 > ▢
82 < ▢
82 < ▢

d) 36 > ▢
36 > ▢
36 < ▢
36 < ▢

7 a) Ordne die Zahlen. Beginne mit der kleinsten Zahl.

32 23 71 48 99 17

58 59 24 96 27 61

b) Ordne. Beginne mit der größten Zahl.

100 54 22 78 67 76

48 74 84 0 61 16

8 a) Finde die Nachbarzehner der Zahlen 83, 24 und 56.

b) Ordne alle Zahlen der Größe nach.

Beginne mit der größten Zahl.

NZ	Z	NZ
	83	

5: Strategie „zuerst die Zehner, dann die Einer vergleichen" anwenden, bei Bedarf Zahlen mithilfe des Zahlenstrahls vergleichen

APP AH S. 9 und 10 ÜH S. 7

BIST DU FIT?

1 a) Ordne. Beginne mit der kleinsten Zahl.

70 20 0 80 40 60

b) Ordne. Beginne mit der größten Zahl.

10 90 50 30 70 40

2

a)

10	30	20

b)

	100	
50		
20		

c)

	90	
20	10	

3 Wie heißen die Zahlen?

a) b) c) d) e)

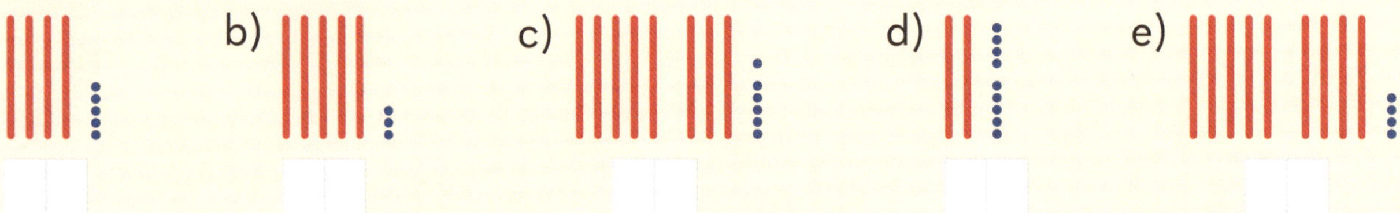

4 Wie heißen die farbig markierten Zahlen? Trage sie ein.

1	2	3	4		6	7	8	9	10
11									20
21		23							30
									40
									50
61					66				70
71									80
81									90
91									100

1	2	3			6	7	8	9	10
11									
21									
31									
41									50
51									
71									
81									
91									

5 Vergleiche: <, >, =.

a)		b)		c)	
41 ◯ 82		95 ◯ 74		50 + 30 ◯ 70	
56 ◯ 59		69 ◯ 96		80 + 20 ◯ 60	
29 ◯ 92		64 ◯ 68		90 − 60 ◯ 30	
88 ◯ 77		47 ◯ 72		70 − 70 ◯ 10	

Aufgaben als Rückmeldung über den Leistungsstand nutzen
KV 1 (HRU) nutzen

APP

PH S. 2

Im Theater: Die Zahlen bis 100

1 Auf welchen Plätzen sitzen die Kinder? Lege mit Plättchen.

a)

b)

2 Lisas Platz:

Mein Platz hat 5 Zehner und 2 Einer.

Mein Platz ist der Nachfolger von 62.

Bens Platz:

Max‘ Platz:

Ich sitze zwischen Platz 91 und 93.

Mein Platz ist der Vorgänger von 98.

Annas Platz:

3 Mila, Leo und Amir sitzen nebeneinander.
Alle Plätze haben 6 Zehner.
Leo sitzt in der Mitte.
Amir sitzt links von Leo.
Milas Platz hat genau so viele Einer wie Zehner.

Alle gelegten Plättchen ergeben ein Bild.

Für jeden Sitzplatz der Kinder ein Plättchen auf den Sitzplan legen, nach Lösung aller Aufgaben entsteht durch das Belegen der Plättchen ein Bild

Meter

1 Erzähle.

2 a) Wie viele Armspannen , Schritte , Fußlängen  und Fingerspannen  brauchst du für einen Meter?

b) Vergleicht eure Ergebnisse in der Klasse.

3 Finde Gegenstände im Klassenraum, die

- genau einen Meter lang sind,
- länger als einen Meter sind,
- kürzer als einen Meter sind.

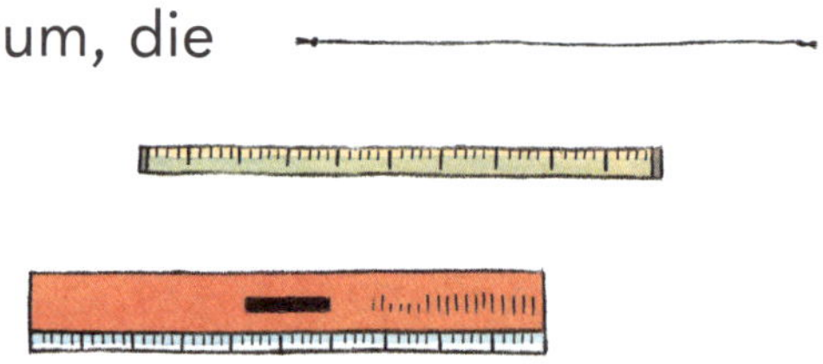

kürzer als 1 m	genau 1 m	länger als 1 m
	Breite der Tür	*Höhe der Tür*

1: Situation besprechen und Meter einführen; thematisieren, dass die Begriffe „Höhe" und „Breite" zu Längen gehören 2: Abmessen von 1 m mit Körpermaßen, Notwendigkeit standardisierter Maßeinheiten thematisieren 3: Schätzen und Messen mit Metermaß

APP

AH S. 11

Zentimeter

ERINNERE DICH

Du sprichst: 1 Zentimeter.
Du schreibst: 1 cm.

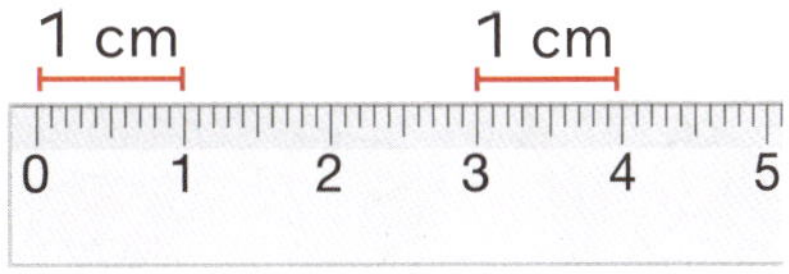

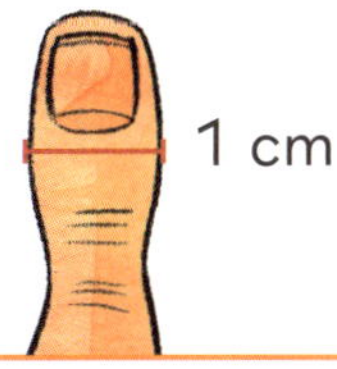

1 Meter oder Zentimeter? Kreuze an.

	m	cm
Länge deines Bleistiftes		
Breite deiner Federtasche		
Länge des Sportplatzes		

	m	cm
Höhe der Schule		
Länge des Schulhofes		
Höhe deiner Schulbank		

2 Kann das stimmen?

3 Wie groß sind die Dinge in Wirklichkeit? Ordne zu.

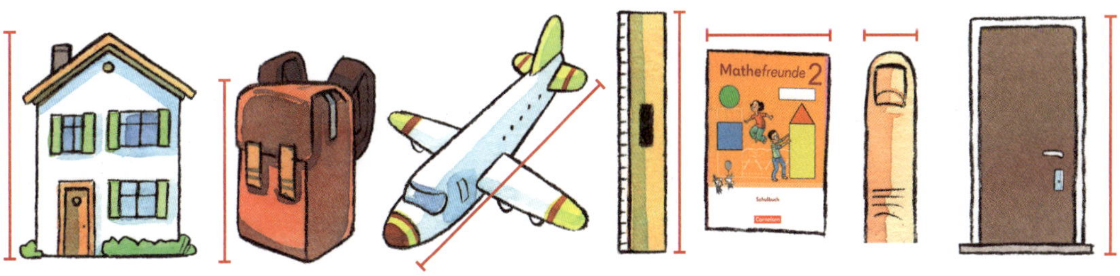

60 m	1 m	40 cm	2 m	19 cm	10 m	1 cm

4 Reichen Angaben in Meter oder Zentimeter aus? Begründe.

Meter und Zentimeter

1 Wie heißen die Messinstrumente?

2 Erzähle.

3 Miss mit geeigneten Messinstrumenten.

	Länge	Breite
Tisch	1 m 20 cm	
Regal		
Heizung		

MERKE DIR

Ein Meter sind 100 Zentimeter.

1 m = 100 cm

4 Ergänze zu einem Meter.

40 cm + ___ cm = 100 cm
50 cm + ___ cm = 100 cm
10 cm + ___ cm = 100 cm

20 cm + ___ cm = 100 cm
70 cm + ___ cm = 100 cm
100 cm + ___ cm = 100 cm

1: Messinstrumente einführen 2: Situation nachspielen und die gemischte Schreibweise einführen
3: Messen von Gegenständen im Klassenraum, Angabe in m und cm
4: Ergänzen zu einem Meter (Merksatz nutzen)

APP

AH S. 12
ÜH S. 8

Millimeter

1

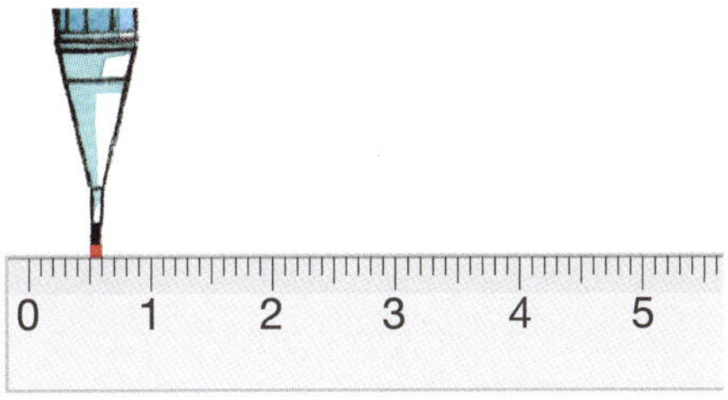

1 mm

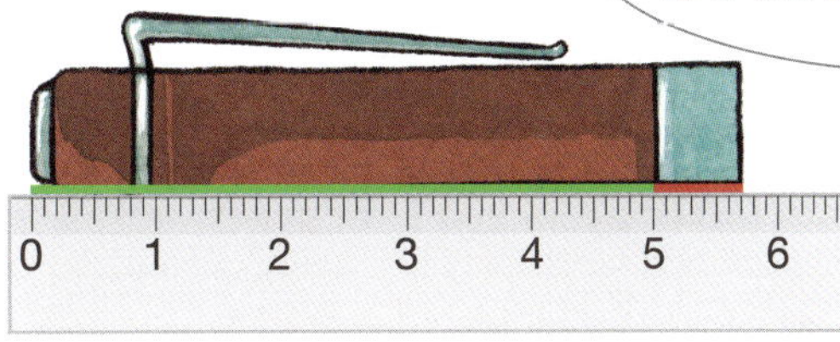

5 cm 7 mm = 57 mm

Du sprichst: ein Millimeter. Du schreibst: 1 mm.

MERKE DIR

Ein Zentimeter sind 10 Millimeter.

1 cm = 10 mm

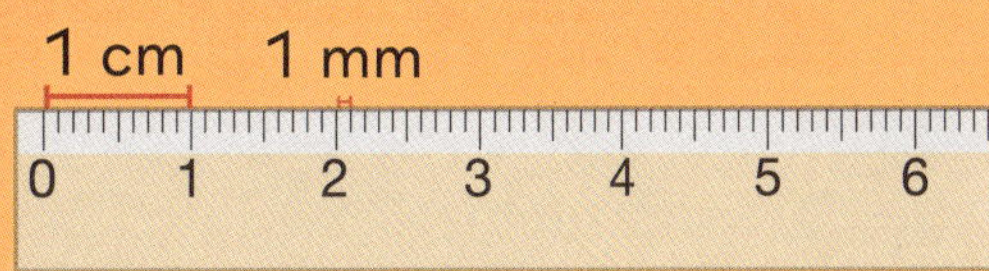

2 Finde Dinge, die etwa 1 mm, 5 mm, 10 mm und 50 mm lang sind.

3 Miss. Gib die Längen in **cm** und **mm** und nur in **mm** an.

a)

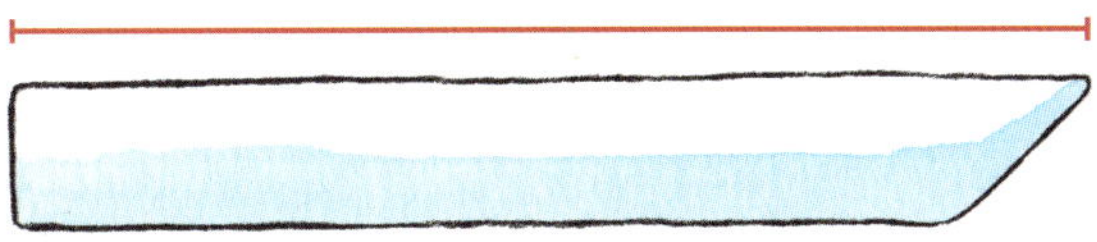

7 cm 4 mm = 74 mm

Die Kreide ist 74 mm lang.

Die Kreide ist 7 cm und 4 mm lang.

b)

c)

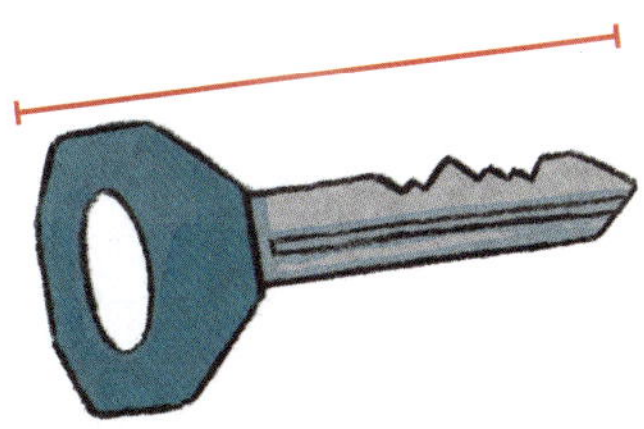

d)

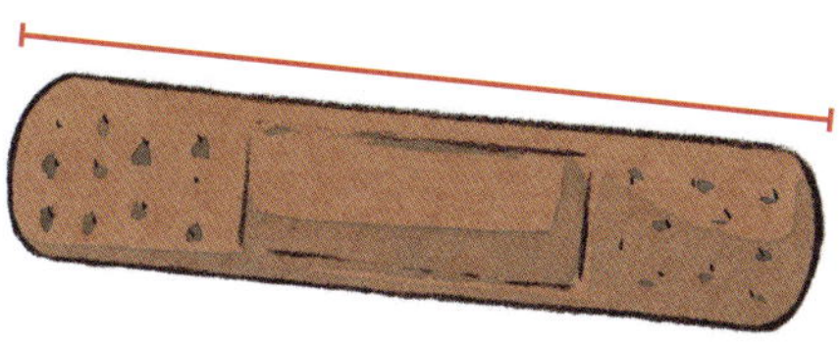

e)

4 Miss Gegenstände in deinem Klassenraum. Gib die Länge an.

1: Bild beschreiben und Messvorgang gemeinsam durchführen; Millimeter einführen
2: Plakate oder Ausstellung zu den verschiedenen Längen anfertigen
3 und 4: Längen in unterschiedlichen Schreibweisen angeben

APP

AH S. 13
ÜH S. 9

Strecken messen und zeichnen

ERINNERE DICH

× P	Punkt P	A —— B	Strecke $\overline{AB}$
—— g	Gerade g	—G— g	Punkt G auf der Geraden g

1 Beschreibe.

Lisa 

Amir 

Anna 

2 Schätze und miss nach.

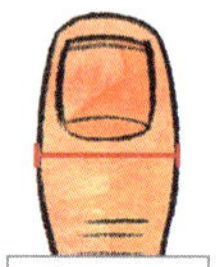
1 cm

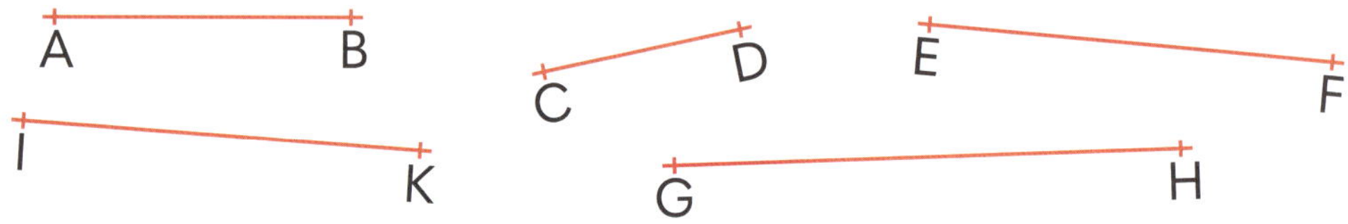

$\overline{AB}$ = ___ cm $\overline{CD}$ = ___ cm $\overline{EF}$ = ___ cm $\overline{GH}$ = ___ cm $\overline{IK}$ = ___ cm

3 Miss die Strecken.

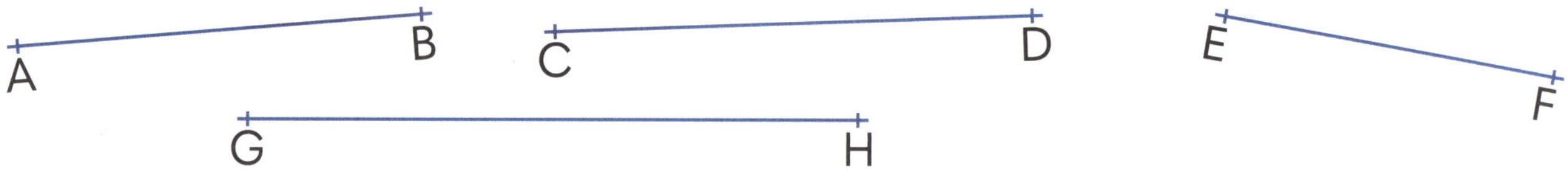

$\overline{AB}$ = ___ cm ___ mm $\overline{CD}$ = ___ cm ___ mm

$\overline{EF}$ = ___ cm ___ mm $\overline{GH}$ = ___ cm ___ mm

4 Zeichne Strecken. Ein anderes Kind misst nach.

a) $\overline{AB}$ = 4 cm
$\overline{CD}$ = 3 cm
$\overline{EF}$ = 7 cm

b) $\overline{GH}$ = 4 cm 5 mm
$\overline{IK}$ = 6 cm 2 mm
$\overline{LM}$ = 5 cm 8 mm

c) $\overline{NO}$ = 35 mm
$\overline{PR}$ = 84 mm
$\overline{ST}$ = 27 mm

5 Wer hat den kürzeren Weg?

1: Begriffe „gekrümmte Linie", „Gerade", „Strecke" wiederholen
2: Längen der Strecken schätzen und messen; besprechen, dass Abweichungen beim Schätzen üblich sind
4: Schrittfolge für das Zeichnen von Strecken wiederholen

APP

AH S. 14

Geraden, die sich schneiden

1

Zwei Geraden schneiden sich in einem Punkt.

MERKE DIR

Die Geraden g und h schneiden sich.
Es entsteht ein Schnittpunkt S.

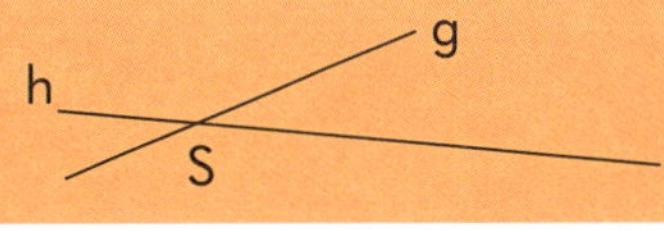

2 Beschreibe.

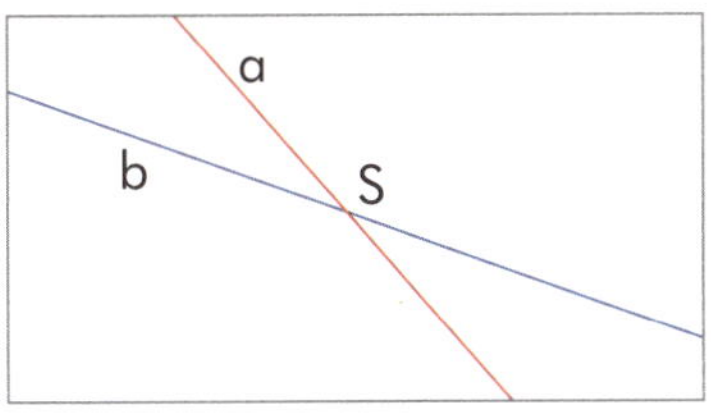

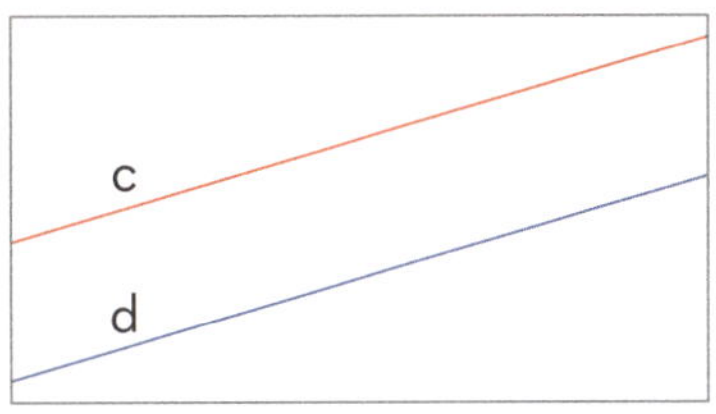

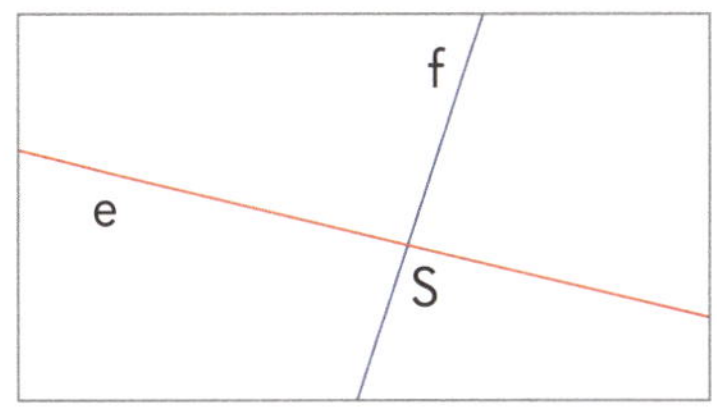

3 a) Zeichne im Heft immer zwei Geraden, die sich schneiden.
b) Zeichne im Heft immer mehrere Geraden, die sich schneiden.

Bezeichne die Geraden und Schnittpunkte.

4 a) Zeichne im Heft einen Punkt P. Zeichne 3 Geraden, die sich im Punkt P schneiden.
b) Zeichne im Heft einen Punkt S. Zeichne 4 Geraden, die sich im Punkt S schneiden.

5 Richtig *r* oder *f* falsch? Trage ein.

Im Punkt A schneiden sich die Geraden g und f.

Die Geraden g und h schneiden sich im Punkt B.

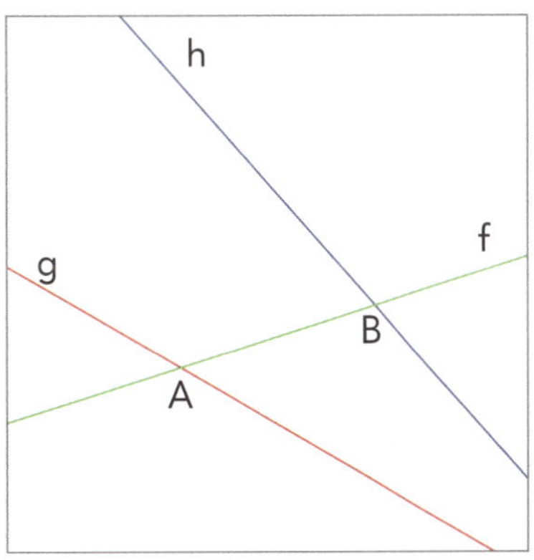

Im Punkt B schneiden sich die Geraden h und f.

Die Geraden g und f schneiden sich nicht.

Die Geraden g und h schneiden sich.

1 und 2: Thematisieren, dass sich Geraden in einem Punkt schneiden können
5: Aussagen überprüfen und Entscheidung begründen

APP AH S. 15 ÜH S. 10

Parallel zueinander

1 a) Falte eine Treppe.

b) Zeichne die Faltlinien mit Lineal und Stift nach.
Wie liegen diese Linien zueinander?

2 Findet im Klassenraum Linien, die zueinander parallel sind.

MERKE DIR

Die Geraden g und h schneiden einander nicht.
Sie sind **parallel zueinander**.
Der Abstand zwischen den Geraden bleibt immer gleich.

Schreibe: g ∥ h

Sprich: g ist parallel zu h

3 Zeige an dem Geodreieck parallele Linien.

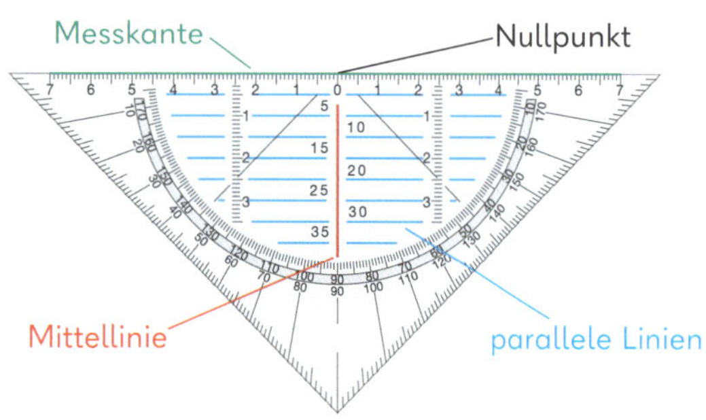

4 Sind die Geraden parallel zueinander? Überprüfe mit dem Geodreieck.
Kreuze an.

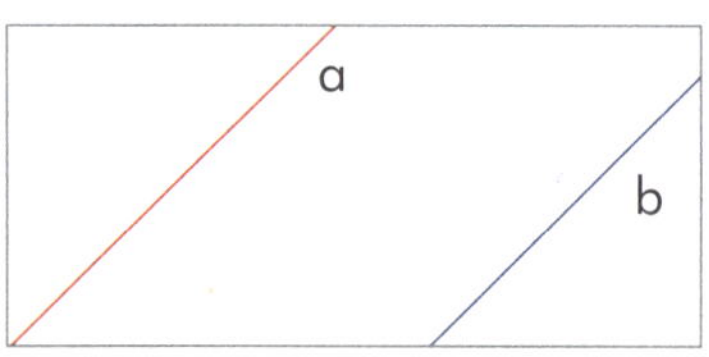

Ja ◯ Nein ◯

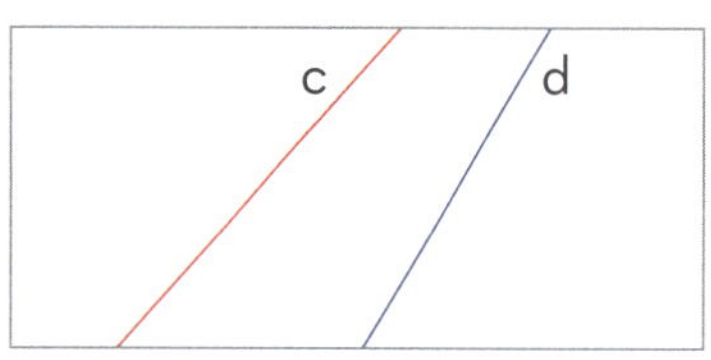

Ja ◯ Nein ◯

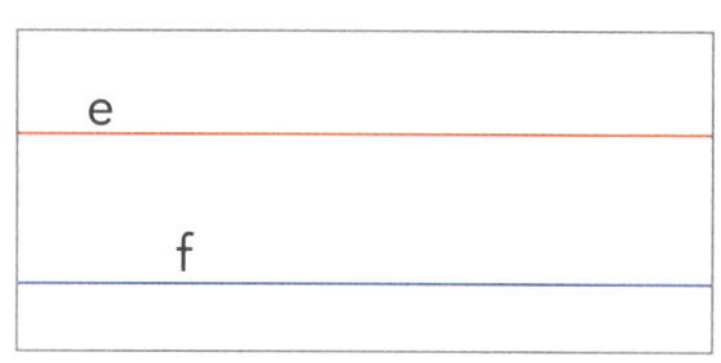

Ja ◯ Nein ◯

5 Zeichne Geraden, die zueinander parallel sind.

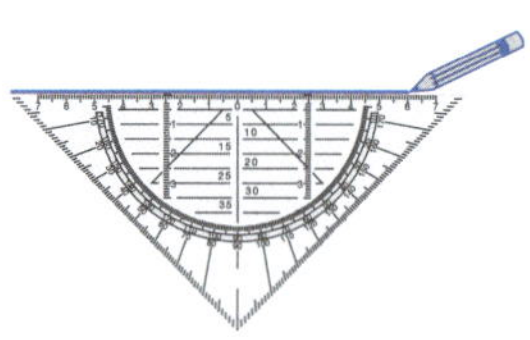

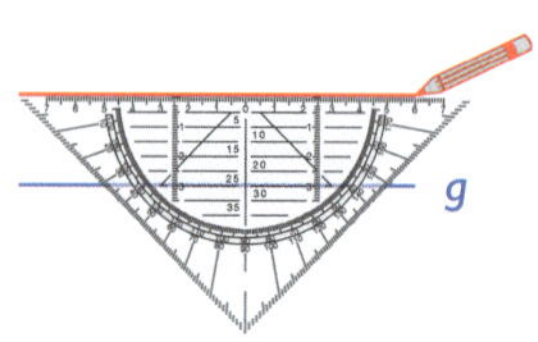

1 und 2: Begriff „parallel zueinander" einführen
3: Geodreieck einführen und das Überprüfen auf Parallelität thematisieren
5: Zueinander parallele Linien auf ein unliniertes Blatt zeichnen

APP AH S. 16 und 17
ÜH S. 11

Senkrecht zueinander

1 a) Stelle einen Faltwinkel her.

b) Finde rechte Winkel im Klassenzimmer.
Überprüfe mit deinem Faltwinkel.

2 Falte deinen Faltwinkel auseinander. Zeichne die Faltlinien mit Lineal und Stift nach. Was stellst du fest?

MERKE DIR

Die Gerade g und die Gerade h sind **senkrecht zueinander**.
Sie bilden 4 **rechte Winkel**.

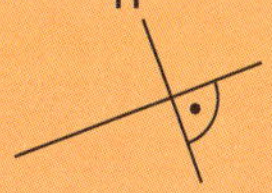

Schreibe: g ⊥ h
Sprich: g ist senkrecht zu h
Schreibe: ⦜
Sprich: rechter Winkel

3 So kannst du mit dem Geodreieck prüfen, ob es ein rechter Winkel ist. Erkläre.

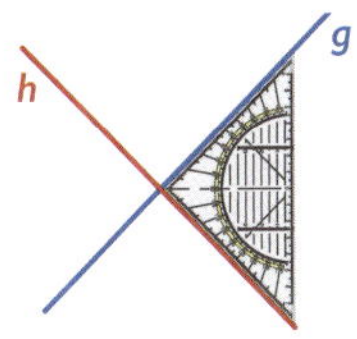

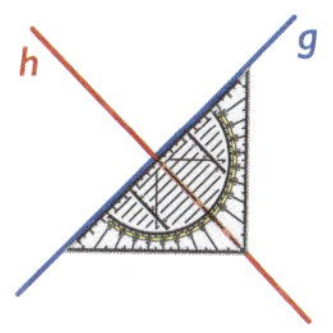

4 Sind die Geraden senkrecht zueinander?
Überprüfe mit dem Geodreieck. Kreuze an.

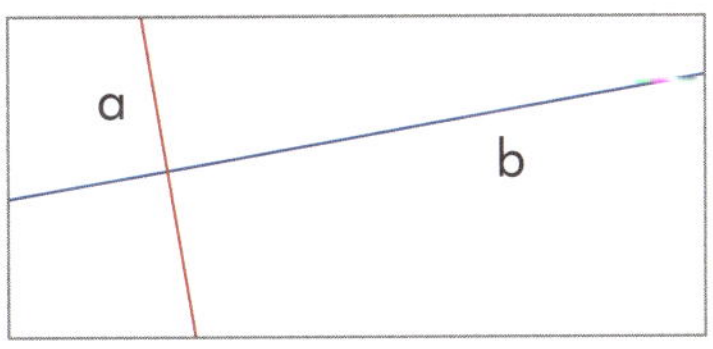

Ja ◯ Nein ◯

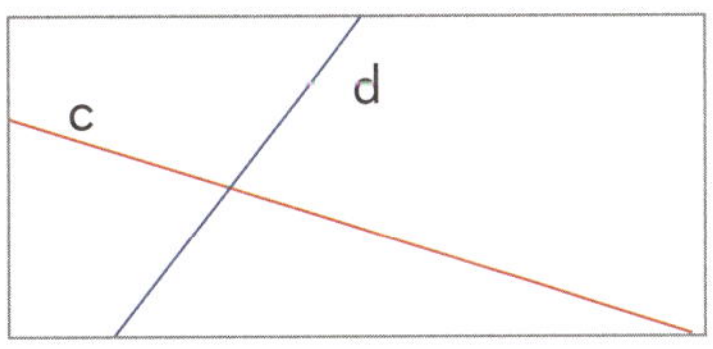

Ja ◯ Nein ◯

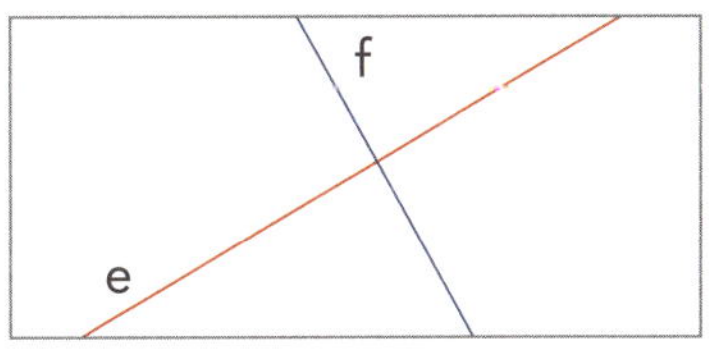

Ja ◯ Nein ◯

5 Zeichne Geraden, die zueinander senkrecht sind.

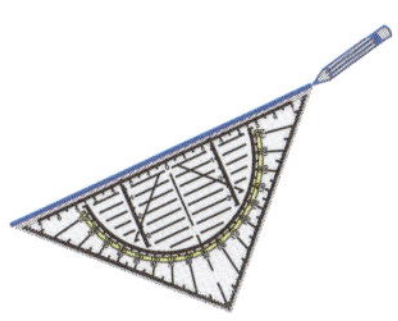

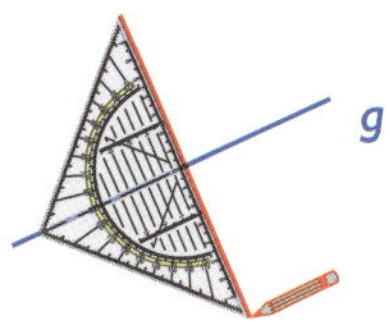

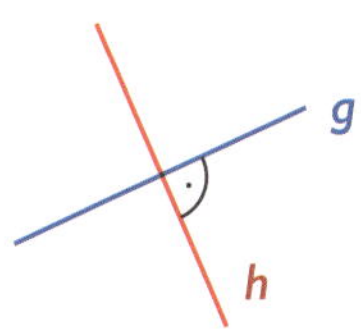

1 und 2: Begriffe „senkrecht zueinander“ und „rechter Winkel“ einführen
3: Das Prüfen auf rechte Winkel thematisieren
5: Zueinander senkrechte Geraden auf ein unliniertes Blatt zeichnen

1 Meter oder Zentimeter? Kreuze an.

	m	cm
Länge des Klassenraumes		
Höhe der Tafel		
Breite eines Schulranzens		
Länge eines Autos		
Breite eines Arbeitsheftes		

2 Gib die Länge der Strecken in **cm** und **mm** und nur in **mm** an.

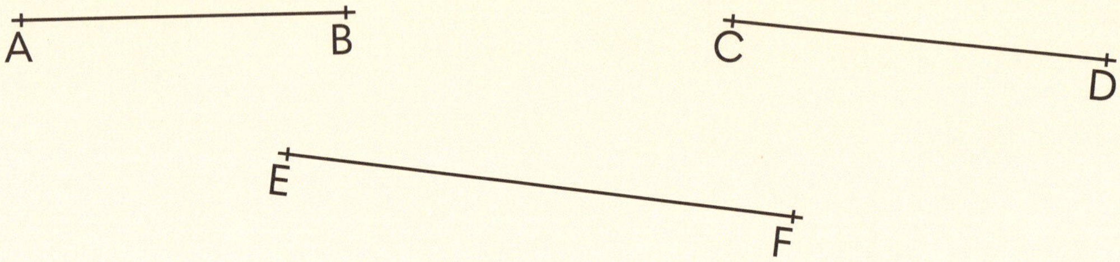

$\overline{AB}$ = ☐ cm ☐ mm $\overline{CD}$ = ☐ cm ☐ mm $\overline{EF}$ = ☐ cm ☐ mm

$\overline{AB}$ = ☐☐ mm $\overline{CD}$ = ☐☐ mm $\overline{EF}$ = ☐☐ mm

3 Zeichne Strecken.

$\overline{AB}$ = 5 cm $\overline{CD}$ = 3 cm 8 mm $\overline{EF}$ = 62 mm $\overline{OP}$ = 75 mm

4 Zeichne zwei Geraden n und m, die einander schneiden. Bezeichne den Schnittpunkt mit S.

5 Zeichne zwei Geraden g und h, die parallel zueinander sind.

6 Zeichne zwei Geraden o und p, die senkrecht zueinander sind.

Aufgaben als Rückmeldung über den Leistungsstand nutzen
KV 1 (HRU) nutzen

APP

PH S. 11 und 12

Längen in deiner Umwelt

1 Schätzt und messt Gegenstände im Klassenraum, Schulhaus oder auf dem Schulhof. Nutzt geeignete Messinstrumente.

2 Können diese Aussagen stimmen? Begründe.

Ich habe eine 16 cm lange Banane gegessen.

Mein Papa ist 9 m groß.

Der Schwanz von meiner Katze ist 9 mm lang.

3 Schreibt richtige und falsche Aussagen.
Sucht nach verschiedenen Längen in Büchern oder im Internet.

1: Zum gemeinsamen Messen von Gegenständen geeignete Dokumentation nutzen
2 und 3: Aussagen überprüfen und begründen

Addieren ohne Zehnerübergang

1 Anna sammelt Murmeln. Max gibt ihr 3 Murmeln dazu.

42 + 3 =

weil 2 + 3 = 5

2

a)	b)	c)	d)
14 + 5 =	22 + 6 =	84 + 3 =	53 + 5 =
24 + 5 =	42 + 6 =	74 + 3 =	___ + 5 =
34 + 5 =	72 + 6 =	44 + 3 =	___ + ___ =
44 + 5 =	92 + 6 =	24 + 3 =	___ + ___ =

3

a)	b)	c)	d)
24 + 5 =	33 + 4 =	72 + 5 =	2 + 97 =
36 + 3 =	51 + 7 =	64 + 4 =	3 + 32 =
81 + 8 =	26 + 0 =	96 + 3 =	0 + 55 =
57 + 2 =	44 + 5 =	15 + 5 =	7 + 71 =

20 26 29 35 37 39 49 55 58 59 68 77 78 89 99 99

4

a)	b)	c)	d)
25 + ___ = 27	31 + ___ = 34	___ + 56 = 58	___ + 47 = 50
42 + ___ = 49	73 + ___ = 78	___ + 63 = 67	___ + 85 = 89
75 + ___ = 78	25 + ___ = 29	___ + 23 = 29	___ + 45 = 45
83 + ___ = 86	67 + ___ = 67	___ + 82 = 88	___ + 63 = 69

5 Annas Oma ist 63 Jahre alt. Leos Opa ist 4 Jahre älter.
Wie alt ist Leos Opa?

6 Im Schulbus sitzen 42 Kinder.
An der ersten Haltestelle steigen 4 Kinder dazu.
An der zweiten Haltestelle steigen 3 Kinder dazu.
Wie viele Kinder sind jetzt im Schulbus?

1: Situation nachspielen oder besprechen; Einführung der Addition mithilfe der kleinen Aufgaben, Legematerial nutzen
2 bis 4: Bei Bedarf Legematerial verwenden

APP
AH S. 20
ÜH S. 13

Subtrahieren ohne Zehnerübergang

1 Mila gibt Ben 2 Murmeln ab.

58 − 2 = ☐

weil 8 − 2 = 6

2

a) 16 − 3 = ☐ | 26 − 3 = ☐ | 36 − 3 = ☐ | 46 − 3 = ☐

b) 29 − 5 = ☐ | 49 − 5 = ☐ | 69 − 5 = ☐ | 89 − 5 = ☐

c) 97 − 4 = ☐ | 87 − 4 = ☐ | 57 − 4 = ☐ | 27 − 4 = ☐

d) 38 − 7 = ☐ | ☐ − 7 = ☐ | ☐ − ☐ = ☐ | ☐ − ☐ = ☐

3

a) 25 − 4 = ☐ | 46 − 3 = ☐ | 97 − 7 = ☐ | 38 − 6 = ☐

b) 75 − 4 = ☐ | 54 − 3 = ☐ | 86 − 0 = ☐ | 29 − 4 = ☐

c) 56 − 4 = ☐ | 78 − 2 = ☐ | 96 − 3 = ☐ | 19 − 6 = ☐

d) 55 − 0 = ☐ | 34 − 2 = ☐ | 48 − 7 = ☐ | 76 − 3 = ☐

13 21 25 32 32 41 43 51 52 55 71 73 76 86 90 93

4

a) 35 − ☐ = 32 | 58 − ☐ = 55 | 88 − ☐ = 82 | 76 − ☐ = 73

b) 98 − ☐ = 95 | 73 − ☐ = 71 | 48 − ☐ = 44 | 56 − ☐ = 56

c) ☐ − 6 = 62 | ☐ − 3 = 42 | ☐ − 5 = 63 | ☐ − 0 = 52

d) ☐ − 0 = 49 | ☐ − 3 = 96 | ☐ − 8 = 80 | ☐ − 4 = 94

5

a)

−	7	4	5	6
88				
59				

b)

−	1		5	2
78				
100		92		

6 Bens Opa ist 57 Jahre alt. Seine Oma ist 3 Jahre jünger. Wie alt ist sie?

1: Situation nachspielen oder besprechen; Einführung der Subtraktion mithilfe der kleinen Aufgaben, Legematerial nutzen 4: Bei Bedarf Legematerial verwenden
5: KV 4 (HRU) nutzen

APP

AH S. 21
ÜH S. 14

Ergänzen zum nächsten Zehner

1 Trage die verliebten Zahlen ein.

2 Ergänze zum nächsten Zehner.

a)	b)	c)	d)
15 + ___ = 20	17 + ___ =	22 + ___ =	46 + ___ =
25 + ___ = 30	37 + ___ =	32 + ___ =	56 + ___ =
35 + ___ = 40	57 + ___ =	52 + ___ =	66 + ___ =
45 + ___ = 50	77 + ___ =	82 + ___ =	86 + ___ =

3 a)

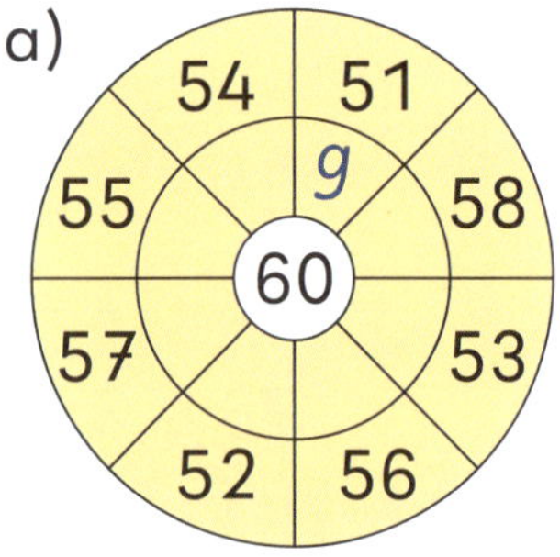

b)

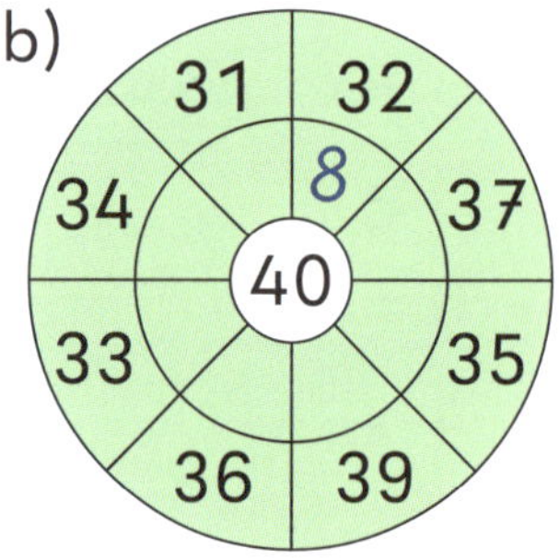

c)

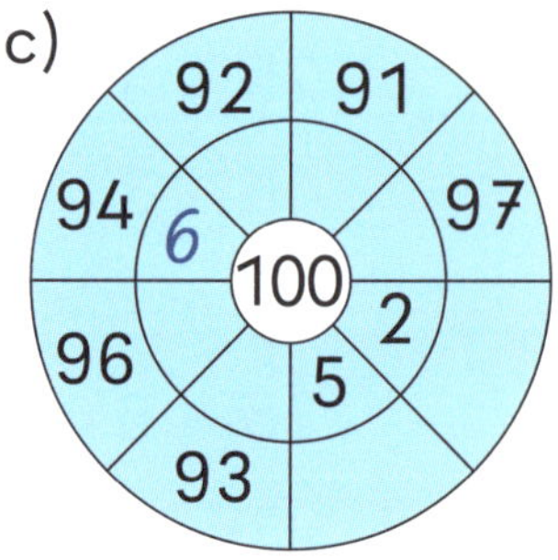

4 Ergänze zum nächsten Zehner.

a)	b)	c)	d)
38 + ___ = 40	13 + ___ =	42 + ___ =	27 + ___ =
48 + ___ = 50	36 + ___ =	28 + ___ =	81 + ___ =
71 + ___ = 80	21 + ___ =	85 + ___ =	58 + ___ =
24 + ___ = 30	53 + ___ =	79 + ___ =	43 + ___ =

5

Die Summe ist 70.
Der erste Summand ist 64.
Berechne den zweiten
Summanden.

Der erste Summand ist 81.
Die Summe ist 90.
Berechne den zweiten
Summanden.

Wiederholung der Zehnerergänzung als Vorbereitung zur Zehnerüberschreitung
2 bis 4: Finden der Zehnerergänzung und des nächsten Zehners
3: KV 3 (HRU) nutzen

APP

ÜH S. 15

Addieren mit Zehnerübergang

1

28 + 5 = ☐
28 + 2 = 30
30 + 3 = ☐

2 a) 35 + 8   62 + 9   57 + 7   88 + 5

b) 76 + 7   84 + 8   48 + 5   27 + 6

c) 46 + 5   73 + 8   25 + 7   59 + 4

d) 37 + 7   52 + 9   44 + 8   66 + 6

S. 33 / 2

a) 35 + 8 =
35 + 5 = 40
40 + 3 =

32 33 43 44 51 52 53 61 63 64 71 72 81 83 92 93

3 a) 47 + 6 = ☐   26 + 8 = ☐   65 + 7 = ☐   35 + 6 = ☐

b) 34 + 9 = ☐   67 + 6 = ☐   83 + 8 = ☐   55 + 6 = ☐

c) 59 + 3 = ☐   74 + 7 = ☐   96 + 4 = ☐   36 + 8 = ☐

34 41 43 44 53 61 62 72 73 81 91 100

47 + 6 = 53
weil 7 + 6 = 13

4 a)

+	7	5	9	8
45				
66				

b)

+	4	7	9	5
36				
57				

1: Aufgaben mit Zehnerüberschreitung mit Legematerial und der Strich-Punkt-Darstellung erarbeiten
2: Bei Bedarf Legematerial verwenden oder Strich-Punkt-Darstellung zeichnen
3: Nutzen der Analogieaufgabe erklären, kurzer Rechenweg möglich

APP
AH S. 22
ÜH S. 16

Subtrahieren von Zehnerzahlen

1 Ergänze die Zehnerzahlen.

50		70
		100

		30
		90

	40	
		60

2 Zähle rückwärts. Schreibe immer 4 Zahlen.

a) 83 82, 81
b) 42
c) 61
d) 70
e) 52
f) 33
g) 22
h) 93

3

a) 10 − 5 =
20 − 5 =
50 − 5 =
70 − 5 =

b) 10 − 7 =
40 − 7 =
70 − 7 =
30 − 7 =

c) 20 − 6 =
80 − 3 =
40 − 4 =
90 − 5 =

d) 40 − 8 =
30 − 2 =
60 − 6 =
100 − 3 =

4

a)

−	5	2	4	7	6
60					
30					

b)

−	9	4	3	1	6
50					
70					

5

a)
60
_ 6
_ 4 _

b)
100
_ 7
90 _ _

c)
49
9 _
_ 6 _

6

Max

Klara

Vorbereitung zur Zehnerunterschreitung
1: Wiederholung der Nachbarzehner 2: Rückwärtszählen bis unter den Zehner
3 und 4: Subtraktion vom vollen Zehner

APP

Subtrahieren mit Zehnerübergang

1

42 − 6 =

42 − 2 = 40
40 − 4 =

2 a) 54 − 6, 32 − 5, 76 − 9, 85 − 7

b) 65 − 6, 83 − 9, 41 − 5, 36 − 8

c) 46 − 8, 24 − 7, 52 − 6, 71 − 3

d) 34 − 5, 66 − 9, 72 − 6, 57 − 8

S. 35 / 2

a) 54 − 6 =
54 − 4 = 50
50 − 2 =

17 27 28 29 36 38 46 48 49 57 59 66 67 68 74 78

3 a) 65 − 8 = , 93 − 6 = , 42 − 7 = , 77 − 9 =

b) 54 − 8 = , 37 − 9 = , 82 − 5 = , 25 − 9 =

c) 35 − 6 = , 51 − 3 = , 74 − 5 = , 26 − 7 =

16 19 28 29 35 46 48 57 68 69 77 87

65 − 8 = 57
weil 15 − 8 = 7

4 a)

−	5	9	7	4
93				
62				

b)

−	6	9	7	8
75				
34				

1: Aufgaben mit Zehnerunterschreitung mit Legematerial und der Strich-Punkt-Darstellung erarbeiten
2: Bei Bedarf Legematerial verwenden oder Strich-Punkt-Darstellung zeichnen
3: Nutzen der Analogieaufgabe erklären, kurzer Rechenweg möglich

APP

AH S. 23
ÜH S. 17

Addieren und Subtrahieren

1

a)	b)	c)	d)
38 + ___ = 45	___ + 7 = 55	54 – ___ = 48	___ – 8 = 44
63 + ___ = 71	___ + 4 = 31	85 – ___ = 76	___ – 9 = 64
88 + ___ = 92	___ + 5 = 73	71 – ___ = 69	___ – 6 = 46
49 + ___ = 54	___ + 9 = 47	26 – ___ = 17	___ – 7 = 86

2 4 5 6 7 8 9 9 27 38 48 52 52 68 73 93

2

a)

35

30 + ___
29 + ___
___ + 7
27 + ___

b)

54

48 + ___
___ + 9
___ + 7
49 + ___

c)

86

91 – ___
94 – ___
___ – 9
___ – 6

d)

68

71 – ___
74 – ___
___ – 7
___ – 5

3 Rechne geschickt.

a)	b)	c)
45 + 8 + 5 = ___	38 – 2 – 8 = ___	55 + 6 – 5 = ___
37 + 7 + 3 = ___	32 – 9 – 2 = ___	63 + 9 – 3 = ___
73 + 7 + 3 = ___	81 – 1 – 6 = ___	33 – 3 + 7 = ___
45 + 5 + 4 = ___	55 – 8 – 5 = ___	94 + 8 – 4 = ___

21 28 37 42 47 54 56 58 69 74 83 98

Rechne zuerst bis zum Zehner.

4 Ziehe 3 Karten und stelle eine Aufgabe.
Ein anderes Kind löst.

Du kannst mit 3 Karten mehrere Aufgaben bilden.

1 und 2: Bei Bedarf Legematerial verwenden oder Strich-Punkt-Darstellung zeichnen
3: Erste Teilrechnung so wählen, dass das Ergebnis eine Zehnerzahl ist, Vorteile dieses Rechenwegs thematisieren

APP
AH S. 24 und 25
ÜH S. 18–19

5 Male Aufgabe und Umkehraufgabe in der gleichen Farbe an.

67 + 5	43 + 8	72 – 5	72 – 9	63 + 9	39 + 5
84 – 6	51 – 8	54 + 8	62 – 8	44 – 5	78 + 6

6 Richtig *r* oder *f* falsch? Berichtige die Fehler.

a)	b)	c)
62 + 6 = 69	57 – 5 = 52	55 + 6 = 71
42 + 8 = 60	49 – 6 = 42	36 – 8 = 28
84 + 7 = 91	63 – 6 = 67	39 + 7 = 46
78 + 4 = 83	45 – 8 = 37	85 – 7 = 77
26 + 6 = 42	78 – 7 = 68	52 – 8 = 46

7

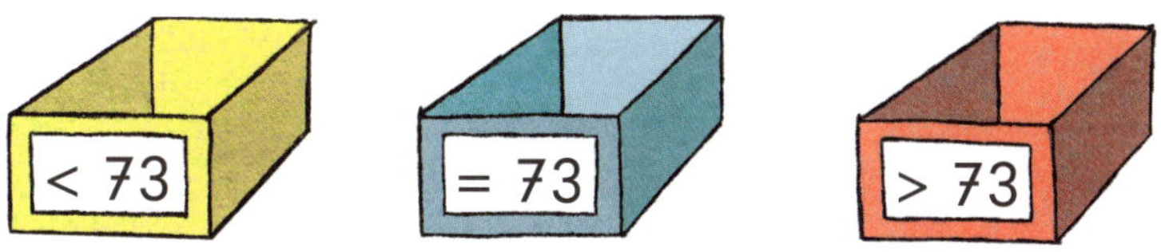

62 + 8	81 – 8	82 – 7	85 – 7	83 – 9
65 + 8	67 + 9	68 + 6	86 – 7	84 – 9

8 Setze das richtige Zeichen ein: <, >, =.

a)		b)		c)		d)	
27 + 9	35	44 – 7	38	55	43 + 8	63	71 – 9
37 + 5	44	61 – 9	52	83	79 + 6	85	92 – 7
58 + 4	62	77 – 8	66	46	38 + 8	55	65 – 9
36 + 9	46	38 – 9	29	74	67 + 7	78	82 – 5

9 Leo ist 7 Jahre alt.
Sein Vater ist 26 Jahre älter.
Wie alt ist Leos Vater?

10 Lisas Mutter ist 36 Jahre alt.
Lisa ist 8 Jahre alt.
Wie viele Jahre ist die Mutter älter?

7: Aufgabe durch Erstellen einer Tabelle im Heft lösen

Sachaufgaben – Fragen beantworten

1 Kannst du die Fragen mit dem Bild beantworten? Begründe.

- Gibt es im Zoo einen Spielplatz?
- Dürfen die Kinder die Ziegen streicheln?
- Was kostet der Eintritt für Erwachsene?
- Wie viele Enten schwimmen im Wasser?
- Wie viele Personen wollen heute in den Zoo gehen?
- Wie lange hat der Zoo geöffnet?

2 Findet eigene Fragen zum Bild. Beantwortet diese.

3 Welche Fragen kannst du beantworten? Begründe.

Lisa und Max gehen um 12 Uhr mit 2 Erwachsenen in den Zoo.

a) Wann gehen Lisa und Max in den Zoo?

b) Wie lange bleiben Lisa und Max im Zoo?

c) Wie viel Euro müssen sie bezahlen?

1: Thematisieren, dass einige Fragen nicht beantwortet werden können
3: Aufgabe c) kann nur mithilfe des Textes und des Bildes beantwortet werden

APP

AH S. 26
ÜH S. 20

? Frage finden
= Aufgabe lösen
Antworten

4 Im Zoo gibt es 8 große Zebras
und 3 kleine Zebras.

? Ich frage: Wie viele Zebras sind es?
= Ich rechne: ___ + ___ = ___
Ich antworte: ___ Zebras sind es.

5 Im Zoo leben 32 Lamas. 9 Lamas sind weiß,
die anderen sind schwarz.

? Ich frage: Wie viele Lamas sind schwarz?
= Ich rechne: ___ − ___ = ___
Ich antworte: ______________________________

6 Klara und ihre Eltern gehen in den Zoo.

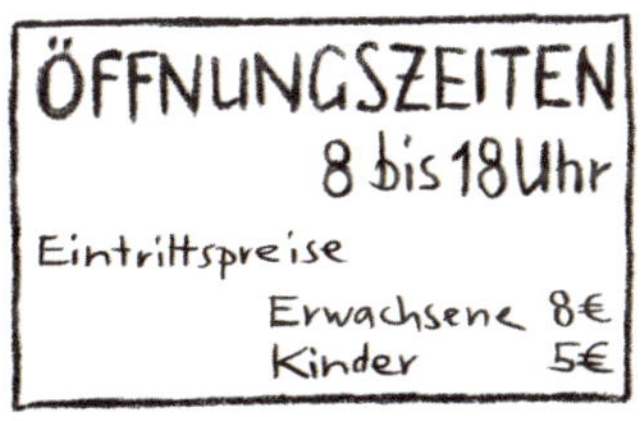

? Ich frage: Wie viel Geld bezahlen sie?
= Ich rechne: ______________________________
Ich antworte: ______________________________

7 Im Zoo sind 34 Ziegen. 9 Ziegen werden verkauft.
Wie viele Ziegen sind dann noch im Zoo?

8 15 Kinder der Klasse 2a und 7 Kinder der Klasse 2b gehen auf den Spielplatz.
Wie viele Kinder gehen auf den Spielplatz?

Rechnen mit Geld

1 Ordne die Münzen und Scheine nach der Größe. Beginne mit 1 Cent.

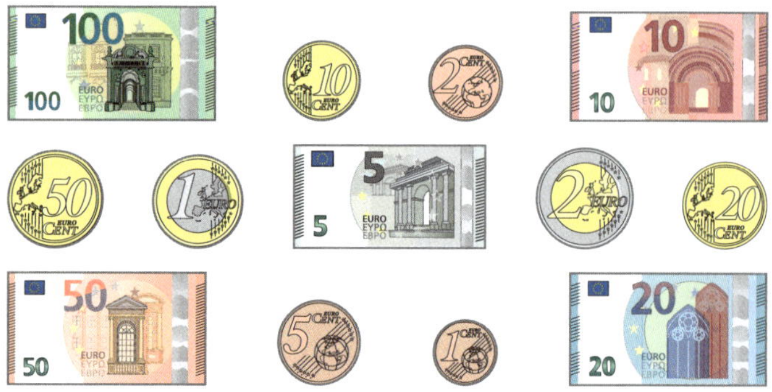

1 ct,

2 Wie viel Geld ist es?

a) 

b) 

c) 

d) 

3 Lege auf verschiedene Weise.

a) 85 ct   26 ct   39 ct   100 ct

b) 42 €   93 €   65 €   100 €

4 Lege mit möglichst wenig Münzen und Scheinen.
Kontrolliere mit einem anderen Kind.

a) 12 ct   27 ct   36 ct

b) 78 €   51 €   49 €

c) 34 € 25 ct   65 € 50 ct   42 € 13 ct

5 Wie viel Geld könnte es sein? Lege verschiedene Möglichkeiten.

a) 5 verschiedene Münzen   b) 4 gleiche Münzen

c) 3 verschiedenen Scheine   d) 3 gleiche Scheine

1: Neue Münze (50 ct) und Scheine (50 € und 100 €) identifizieren
2: Geldbeträge durch Nachlegen oder Rechnen ermitteln
3 und 4: Verschiedene Möglichkeiten besprechen

AH S. 27
ÜH S. 21

6 Lege und rechne.

a) 24 € + 5 € = ___ €
18 € + 8 € = ___ €
65 € − 6 € = ___ €
90 € − 0 € = ___ €

b) 37 € + 7 € = ___ €
52 € + 8 € = ___ €
100 € − 5 € = ___ €
43 € − 9 € = ___ €

c) 42 € + ___ € = 50 €
13 € + ___ € = 21 €
25 € − ___ € = 18 €
74 € − ___ € = 69 €

5 7 8 8 26 29 34 44 59 60 90 95

7 Lisa kauft sich ein Computerspiel und Kopfhörer.

a) ? Wie viel Geld muss Lisa bezahlen?

= ___

💬 Lisa muss ___ € bezahlen.

b) Sie bezahlt mit einem 50-€-Schein.

? Wie viel Geld bekommt sie zurück?

= ___

💬 Sie bekommt ___ € zurück.

8 Ben möchte sich den Controller und die Kopfhörer kaufen. Er hat schon 60 € gespart. Reicht sein Geld?

9 Amir kauft sich von seinem gesparten Geld ein Handy, eine Handyhülle und Kopfhörer. An der Kasse bekommt er 7 € zurück. Mit wie viel Euro hat Amir bezahlt?

10 Was würdest du dir kaufen, wenn du 100 € ausgeben darfst?

6: Ergebnisse durch Legen oder Rechnen finden 7 bis 9: Aufgaben mithilfe der didaktischen Schrittfolge beantworten 10: Möglichkeiten besprechen, Preise in Prospekten oder im Internet recherchieren; über eigenes Kaufverhalten reflektieren

Dreiecke und Vierecke

ERINNERE DICH

Dreiecke | Vierecke

Dreiecke und Vierecke sind ebene Figuren.

1 Zeige Gegenstände, an denen du Dreiecke und Vierecke erkennst.

2 a) Lege nach.

b) Lege eigene Bilder.

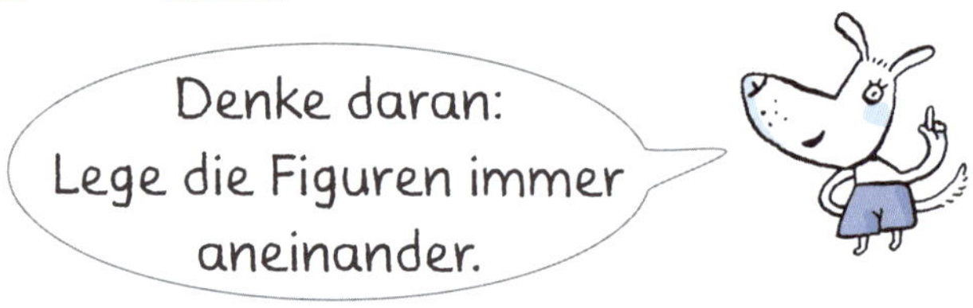

3 a) Lege nach. Welche Figuren sind entstanden?

b) Lege eigene Dreiecke und Vierecke aus mehreren Figuren.

1: Ebene Figuren wiedererkennen und Unterschiede von Körpern und Flächen beachten
2 und 3: Figuren mithilfe des Materials (Beilage) legen
3: Erkenntnis, dass Dreiecke und Vierecke aus verschiedenen Figuren gelegt werden können, besprechen

APP

ÜH S. 22

4

MERKE DIR

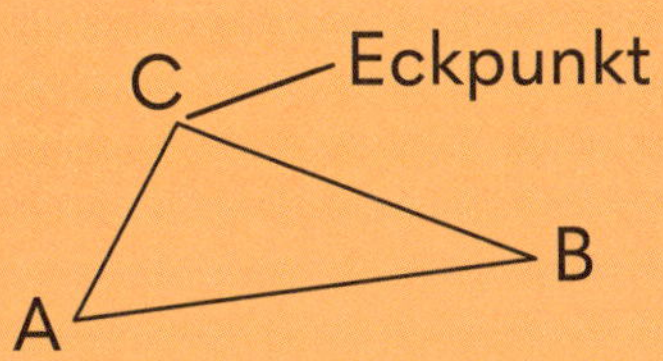

A, B und C sind die **Eckpunkte** des Dreieckes ABC.
Die Strecken $\overline{AB}$, $\overline{BC}$ und $\overline{CA}$ sind die **Seiten** des Dreiecks.

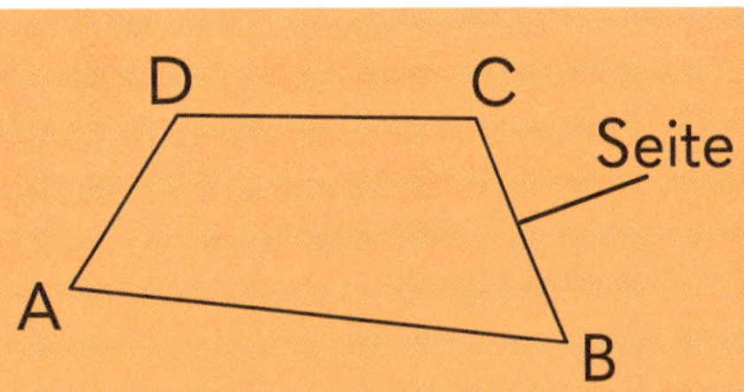

A, B, C und D sind die **Eckpunkte** des Vierecks ABCD.
Die Strecken $\overline{AB}$, $\overline{BC}$, $\overline{CD}$ und $\overline{DA}$ sind die **Seiten** des Vierecks.

5 a) Zeichne immer 3 Punkte in dein Heft.
Verbinde die Punkte zu einem Dreieck. Bezeichne sie.
b) Zeichne immer 4 Punkte in dein Heft.
Verbinde die Punkte zu einem Viereck. Bezeichne sie.

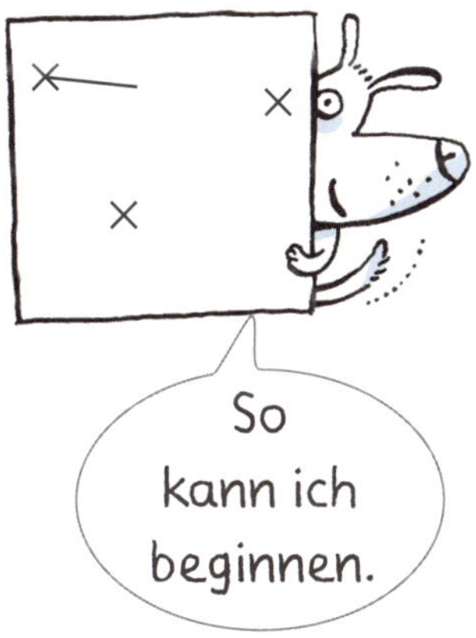

6 a) Zeichne immer 3 Linien so, dass ein Dreieck entsteht.
b) Zeichne immer 4 Linien so, dass ein Viereck entsteht.

7 Wer hat die meisten Dreiecke?

4: Begriffe „Eckpunkt“ und „Seite“ einführen
5 und 6: Dreiecke und Vierecke zeichnen, auf die richtige Bezeichnung der Strecken und Eckpunkte achten

AH S. 29
ÜH S. 22

Rechtecke und Quadrate

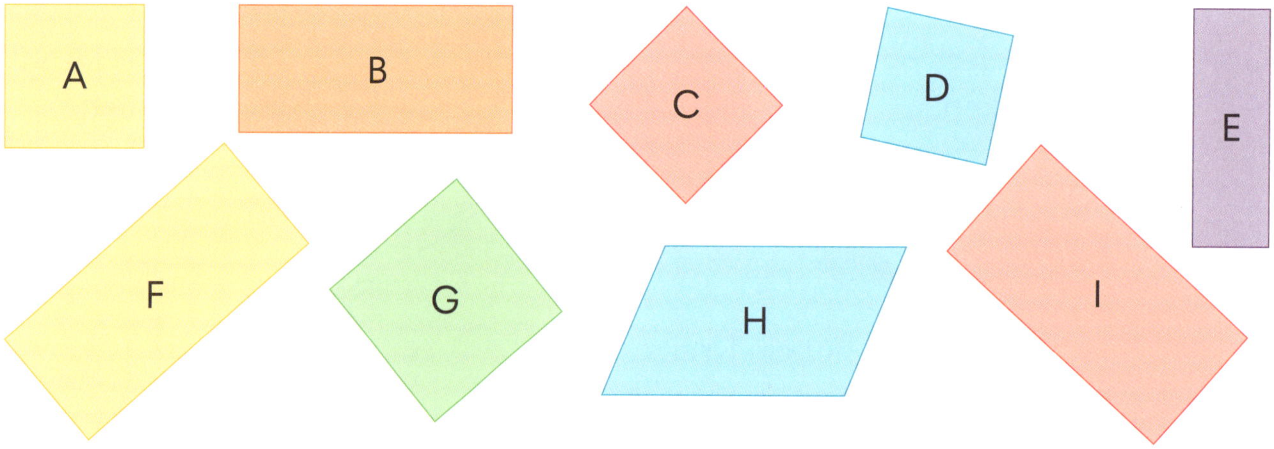

1 Sortiere die Vierecke nach ihrer Form.

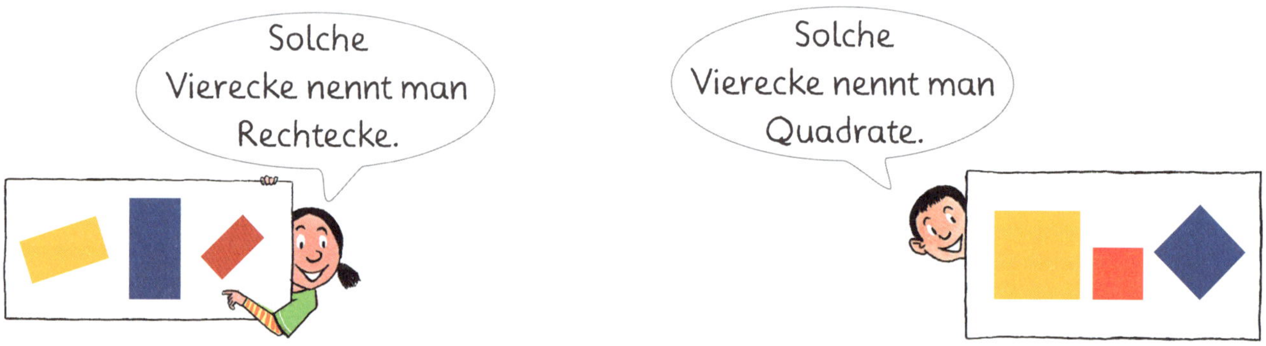

Rechtecke: Quadrate:

2 Wähle ein Rechteck und ein Quadrat aus.

a) Miss die Seitenlängen. Was stellst du fest?

b) Überprüfe, ob sie rechte Winkel besitzen.

MERKE DIR

Ein **Rechteck** ist ein Viereck mit **4 rechten Winkeln**. Die gegenüber liegenden Seiten sind **parallel zueinander** und **gleich lang**.

Ein **Quadrat** ist ein Viereck mit **4 rechten Winkeln**. Die gegenüber liegenden Seiten **sind parallel zueinander**. Alle Seiten sind **gleich lang**.

3 Zeige Gegenstände, an denen du Rechtecke und Quadrate erkennst.

1: Begriffe „Rechteck“ und „Quadrat“ einführen und die Figuren unterscheiden
2: Eigenschaften der Vierecke überprüfen und verallgemeinern

AH S. 30
ÜH S. 23

4 Welche Figuren sind Rechtecke? Welche Figuren sind Quadrate? Begründe.

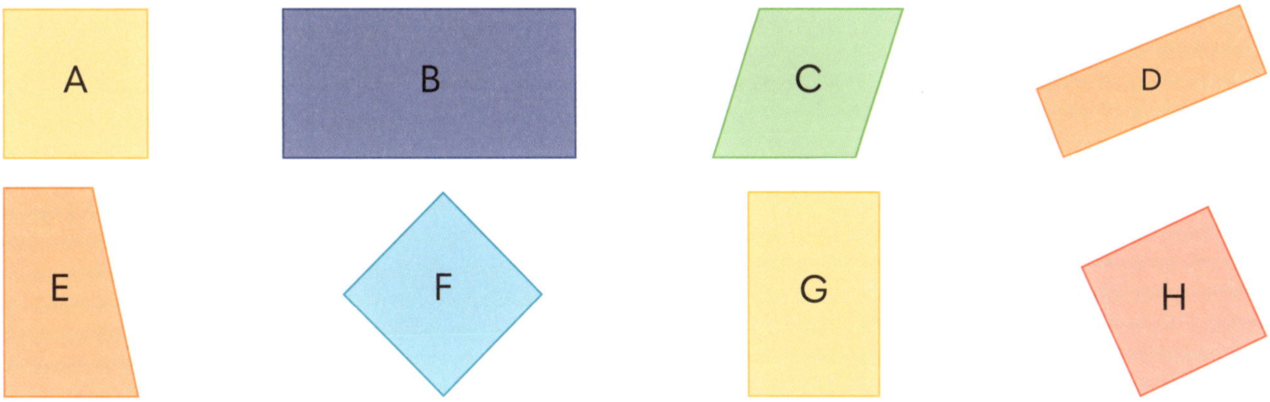

Rechtecke: Quadrate:

5

6 Wie viele Quadrate und Rechtecke findest du?

a) 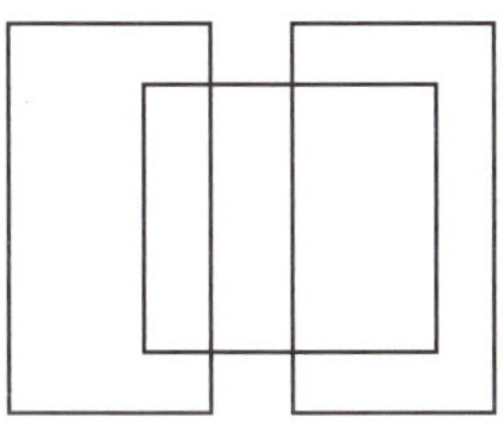

Quadrate

Rechtecke

b) 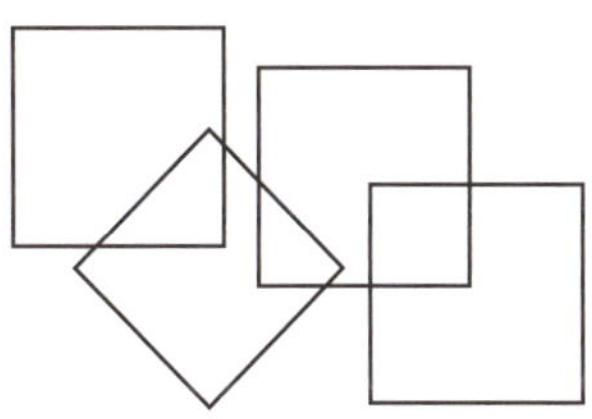

Quadrate

Rechtecke

c) 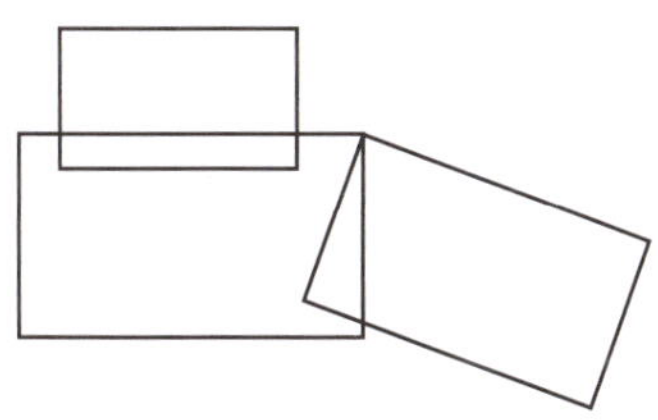

Quadrate

Rechtecke

4: Rechtecke und Quadrate mithilfe ihrer Eigenschaften erkennen
6: Thematisieren, dass durch Überlappungen neue Rechtecke und Quadrate entstehen

AH S. 31
ÜH S. 23

Ebene Figuren am Geobrett

A

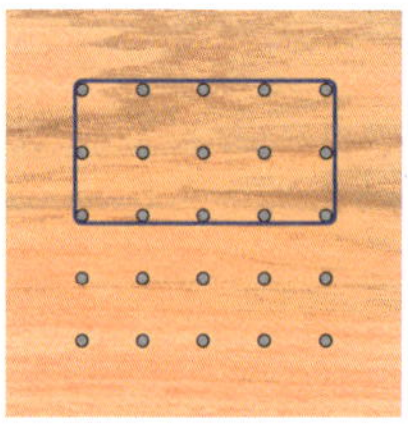

B

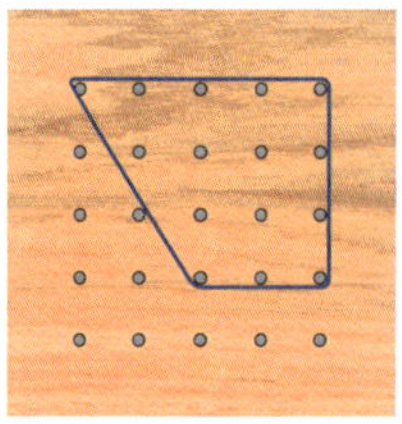

C

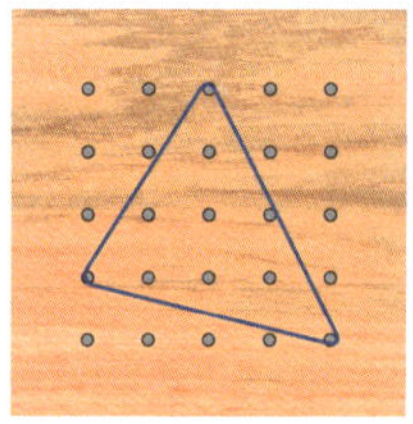

D

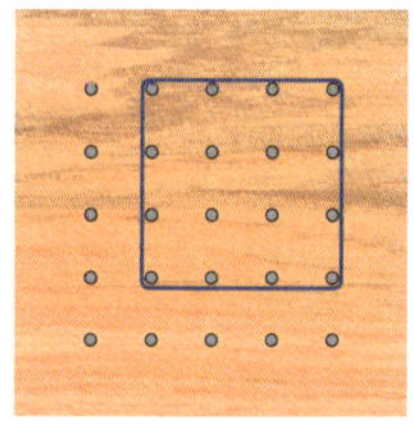

E

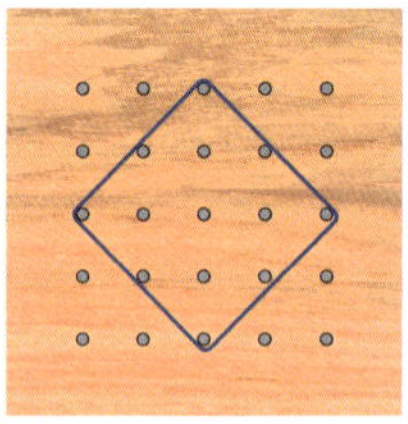

F

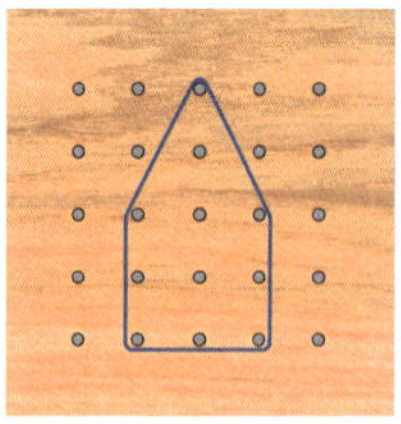

G

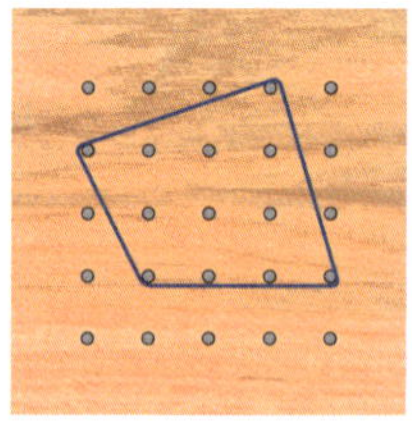

H

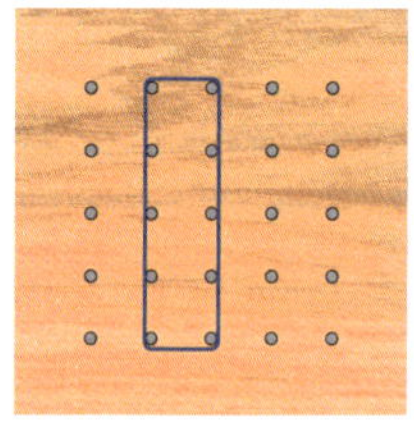

1 Spanne die Figuren nach.

2 a) Zeichne die Figuren in deinem Heft ab.
b) Zeichne alle rechten Winkel ein.
c) Zeichne gleich lange Seiten mit der gleichen Farbe nach.

3 Welche Figuren sind a) Vierecke? ____________________

b) Rechtecke? ____________________

c) Quadrate? ____________________

d) keine Vierecke? ____________________

4 Spanne Vierecke. Ein anderes Kind kontrolliert.
a) Viereck mit jeweils zwei gleich langen Seiten
b) Viereck mit vier gleich langen Seiten
c) Viereck mit vier unterschiedlich langen Seiten

5 Spanne das Rechteck nach.
Spanne ein zweites Gummi so, dass
a) zwei Rechtecke,
b) zwei Quadrate,
c) zwei Dreiecke entstehen.

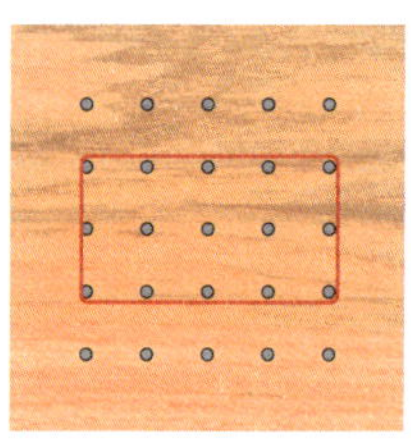

2: Figuren mit Lineal zeichnen und KV 8 (HRU) zum Zeichnen nutzen
5: Über verschiedene Möglichkeiten sprechen

APP

Kreise

1 Zeige Gegenstände, an denen du Kreise erkennst.

2 Zeichne Kreise mit diesen Hilfsmitteln.

3 Zeichne Kreise mit dem Zirkel.

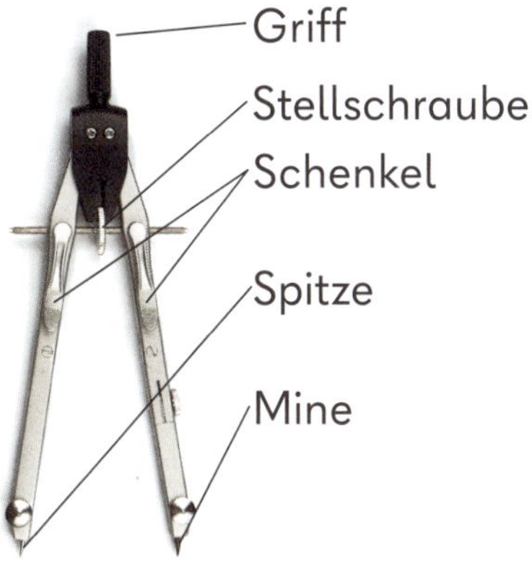

MERKE DIR

Jeder Kreis hat eine Kreislinie,
einen Mittelpunkt M
eine Kreisfläche.

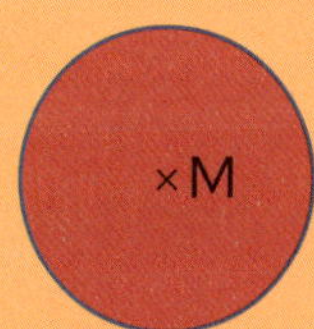

4 Zeichne Figuren mit dem Zirkel.

1 und 2: Kreise erkennen und zeichnen
3: Zirkel und Begriffe einführen, über korrekte Handhaltung sprechen

APP

ÜH S. 24

Muster

1 Wo findest du Muster?

2 Sucht weitere Muster in eurer Umgebung. Fotografiert oder zeichnet und gestaltet eine Ausstellung.

Du kannst auch im Internet suchen.

3 Legt die Muster nach und setzt sie fort.

a) 

b) 

c) 

d) 

e) 

f) 

4 Lege ein Muster. Ein anderes Kind legt es nach.

Muster kann ich in alle Richtungen fortsetzen.

5 Legt gemeinsam ein Muster. Ein Kind beginnt, ein anderes legt weiter. Wechselt euch ab.

1 und 2: Muster in der Umwelt finden
3: Muster erkennen, beschreiben und fortsetzen; Muster können nach rechts oder nach links fortgeführt werden

6 Setze die Muster fort.

a) 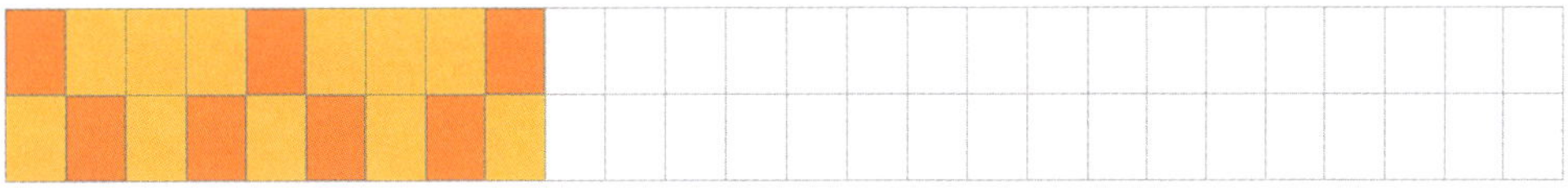

b) 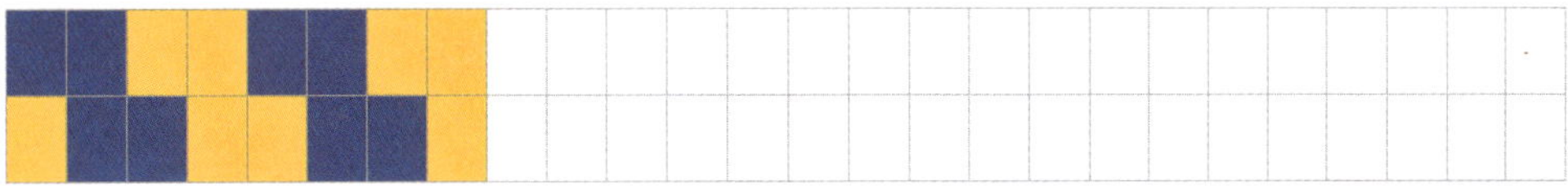

c) 

7 Setze die Muster fort.

a) 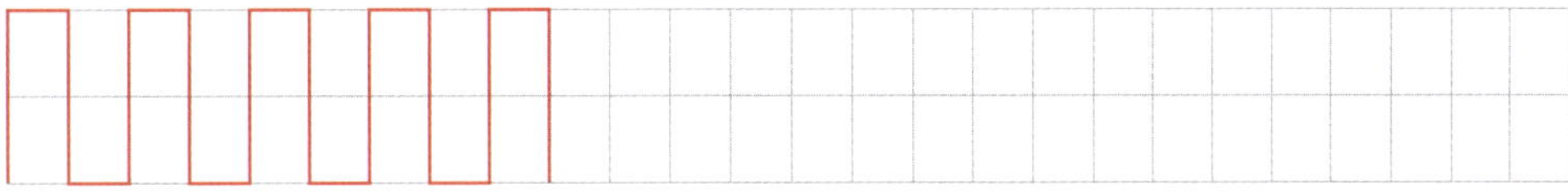

b) 

c) 

8 Finde die Fehler im Muster. Zeichne die Muster richtig in dein Heft.

a) 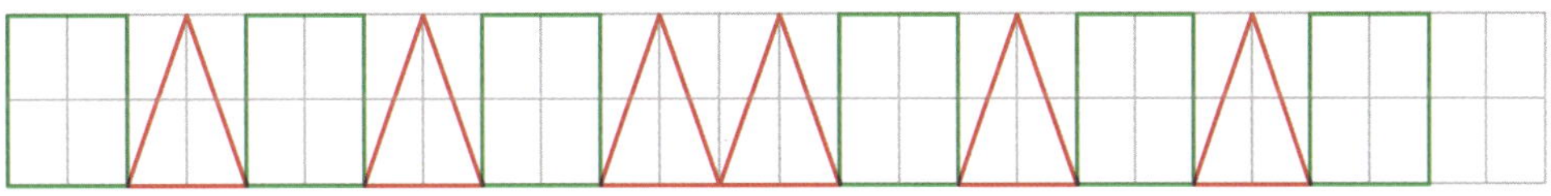

b) 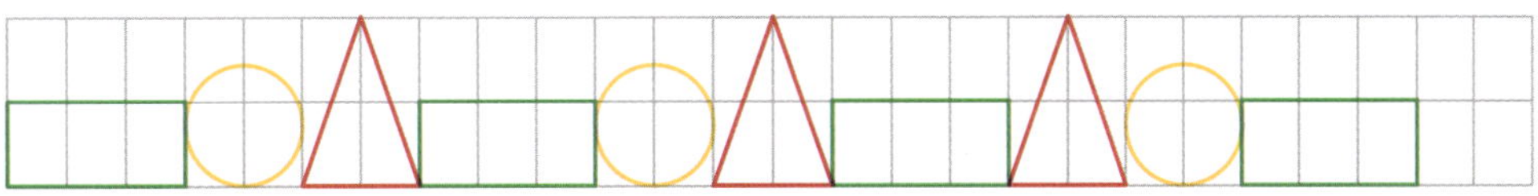

c) 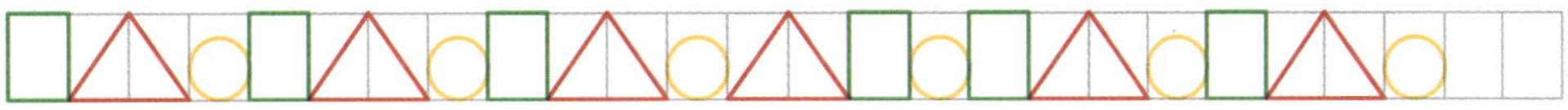

d) 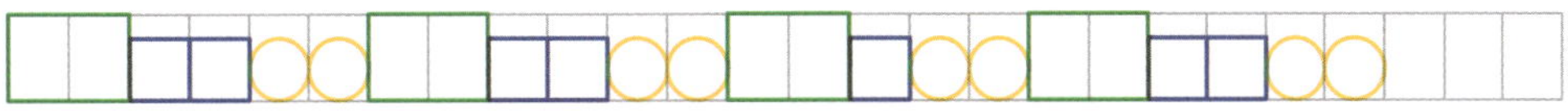

e) 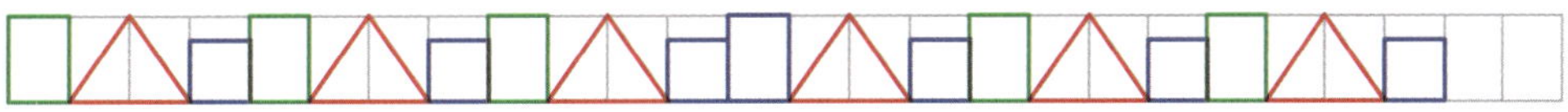

9 Zeichne eigene Muster.

6 und 7: Muster erkennen, beschreiben und fortsetzen
8: Fehler benennen (Form, Reihenfolge, Anzahl oder Farbe)
7 bis 9: Muster freihand zeichnen

AH S. 32
ÜH S. 25

BIST DU FIT?

1

a) 23 + 5 = __
33 + 8 = __
28 + 6 = __
57 + 4 = __

b) 66 – 5 = __
81 – 7 = __
35 – 8 = __
92 – 5 = __

c) 89 + __ = 96
46 + __ = 51
__ + 7 = 33
__ + 9 = 74

d) 42 – __ = 33
73 – __ = 67
__ – 8 = 78
__ – 6 = 56

2 Setze das richtige Zeichen ein: <, >, =.

a) 58 + 3 __ 63
47 + 6 __ 52
79 + 5 __ 84
36 + 6 __ 44

b) 61 – 9 __ 43
32 – 7 __ 27
55 – 9 __ 46
94 – 6 __ 89

c) 63 – 7 __ 45 + 6
72 – 6 __ 58 + 8
35 + 9 __ 51 – 5
86 + 7 __ 88 + 5

3 Welche Figuren sind Rechtecke? Welche Figuren sind Quadrate?

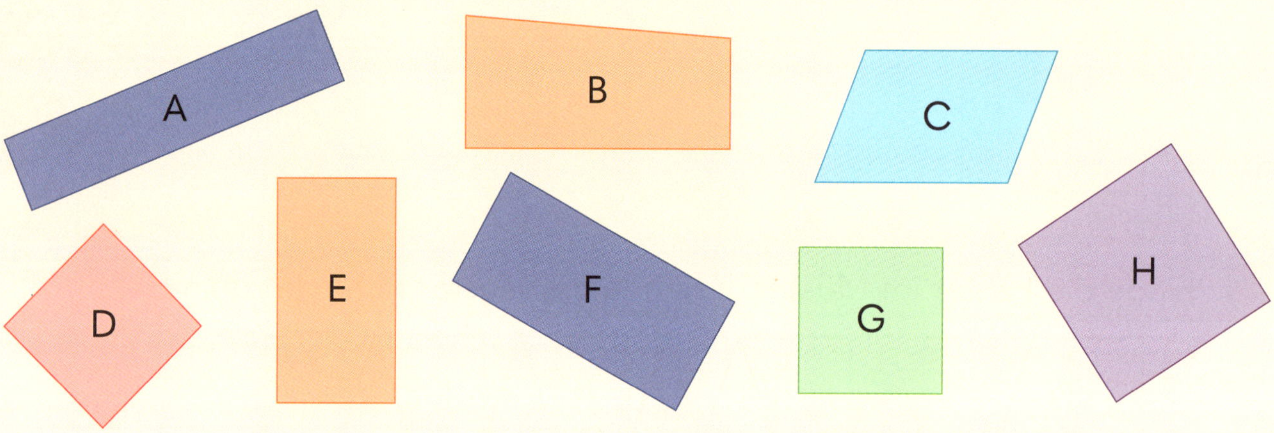

Rechtecke: Quadrate:

4 Richtig (r) oder (f) falsch? Trage ein.

a) Ein Rechteck hat 4 rechte Winkel.
b) Ein Quadrat ist ein Viereck.
c) Beim Rechteck sind die gegenüberliegenden Seiten parallel zueinander.
d) Beim Quadrat sind die benachbarten Seiten parallel zueinander.
e) Beim Quadrat sind alle Seiten gleich lang.

Aufgaben als Rückmeldung über den Leistungsstand nutzen
KV 1 (HRU) nutzen

APP PH S. 3, 9 und 12

Mit ebenen Figuren gestalten

1 Gestaltet eine Ausstellung zu Tieren.
Jedes Tier besteht aus Dreiecken, Vierecken und Kreisen.

2 Gestaltet andere Figuren aus Dreiecken, Vierecken und Kreisen.

Multiplizieren

1 Was macht Max?

2

1 mal 2

1 · 2 = 2

2 + 2 = 4

2 mal 2

2 · 2 =

2 + 2 + 2 =

3 mal 2

3 · 2 =

2 Schreibe immer eine Aufgabe mit + und eine mit · .

a)

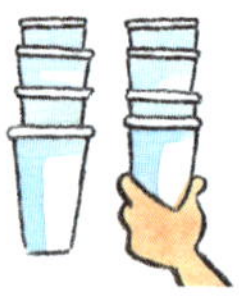

4 + 4 =

2 · 4 =

4 + 4 + =

· 4 =

4 + 4 + 4 + =

· 4 =

b)

3

1 · 3 =

3 + =

· 3 =

3 + + =

· =

3 Schreibe immer eine Aufgabe mit + und eine mit · .

a)

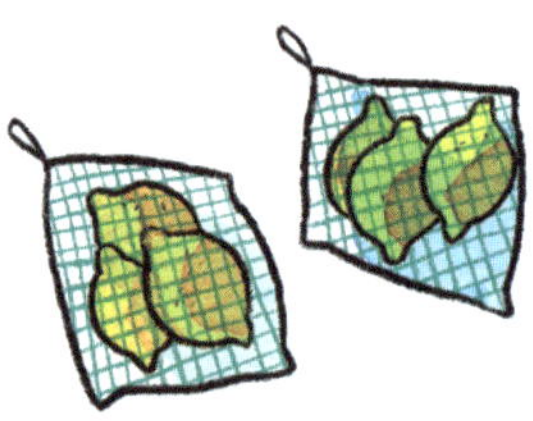

3 + =

2 · =

b)

6 + + =

· 6 =

c)

5 + + =

· =

1 bis 3: Situationen nachspielen und Multiplikation als fortgesetzte Addition einführen (dynamischer Aspekt der Multiplikation) 4: Zusammenhang zwischen Addition und Multiplikation in statischen Situationen erkennen (statischer Aspekt der Multiplikation)

APP

AH S. 33

4 Finde immer eine Aufgabe mit + und eine mit · .

5 Finde Malaufgaben in deiner Umgebung.

MERKE DIR

Faktor		Faktor		Produkt
3	·	4	=	12

(3 · 4: Produkt)

Multiplizieren
·
mal

6 Schreibe als Malaufgabe ins Heft und rechne.

a)

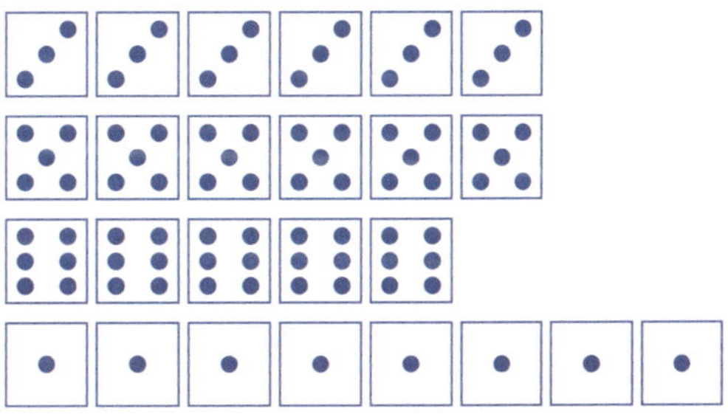

b)
8 + 8 + 8 + 8
9 + 9 + 9
0 + 0 + 0 + 0
7 + 7 + 7
10 + 10

7 Schreibe eigene Plusaufgaben und dazu passende Malaufgaben.

8 Zeichne Bilder zu Malaufgaben.

3 · 3

Multiplizieren im Punktefeld

1 Wie viele Punkte sind es? Schreibe eine Plusaufgabe und eine Malaufgabe.

a) 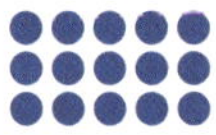

5 + 5 + 5

3 · ___ = ___

b) 

7 + ___ + ___

___ · ___ = ___

c) 

___ + ___

___ · ___ = ___

2 Wie viele Punkte sind es?
Schreibe eine Plusaufgabe und eine Malaufgabe in dein Heft.

a) 
b) 
c) 
d) 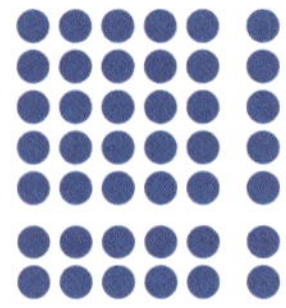
e) 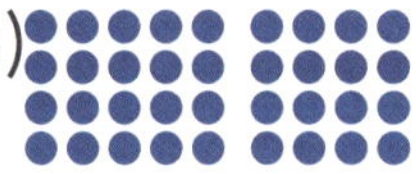

3 Zeichne und rechne im Heft.
Wie viele Punkte sind es?

a) 3 · 4
4 · 5
4 · 10
1 · 5

b) 6 · 4
7 · 2
2 · 8
3 · 9

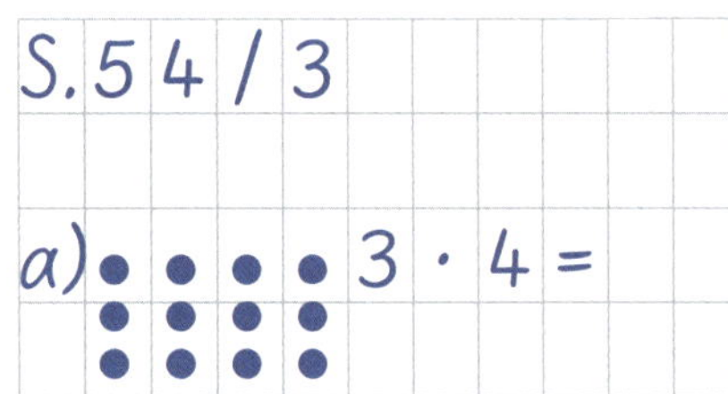

4 Zeigt Malaufgaben am Punktefeld. Schreibt sie auf.

5 Finde noch 4 Malaufgaben.

a) Verschiebe nach unten.

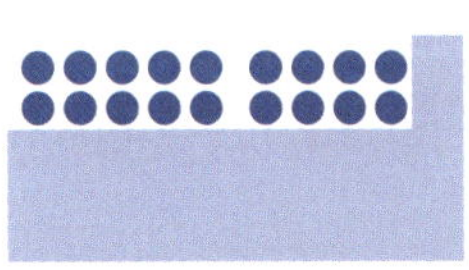

b) Verschiebe nach rechts.

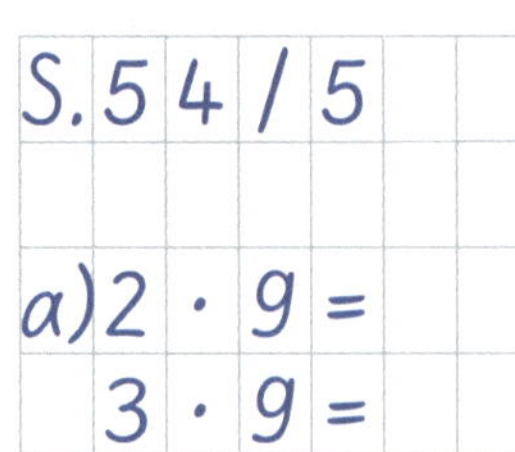

Punktefeld und Abdeckwinkel (Beilage) verwenden
1 bis 3: Zusammenhang zwischen Addition und Multiplikation am Punktefeld aufzeigen;
auf die richtige Sprechweise achten

APP

AH S. 34

Tauschaufgaben

1 Wie viele Stückchen sind es? Erzähle.

4 · 5 = ___ 5 · 4 = ___

MERKE DIR

Die Faktoren kannst du vertauschen.
Das Produkt bleibt gleich.

4 · 3 = 12
3 · 4 = 12

2 Rechne Aufgabe und Tauschaufgabe.

a) 

2 · 4 = ___
4 · 2 = ___

b) 

___ · ___ = ___
___ · ___ = ___

c) 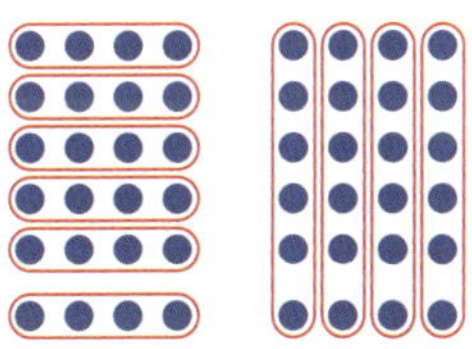

___ · ___ = ___
___ · ___ = ___

d) 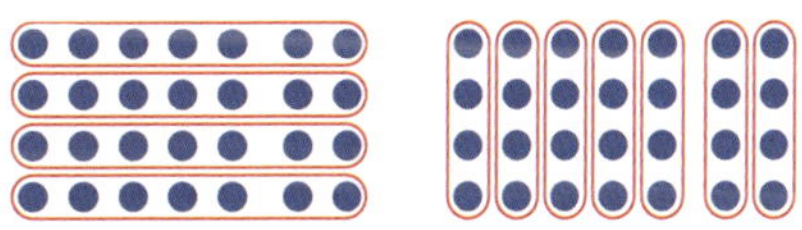

___ · ___ = ___
___ · ___ = ___

3 Rechne Aufgabe und Tauschaufgabe im Heft.

a)	b)	c)	d)
3 · 2	3 · 5	3 · 6	5 · 5
5 · 1	2 · 7	4 · 7	3 · 3
2 · 10	6 · 2	3 · 8	2 · 2

4 Male ein Punktefeld. Schreibe dazu 2 Plusaufgaben und 2 Malaufgaben.

1: Thematisieren, dass es 2 Möglichkeiten gibt die Aufgaben zu sehen; Gesetzmäßigkeit, dass Tauschaufgaben immer das gleiche Produkt haben, handelnd erarbeiten

Verdoppeln

1 Verdopple. Was passiert mit dem Ergebnis?

2 · 5

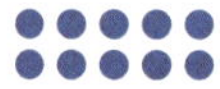

2 · 5 =	2 · 5 =
4 · 5 =	2 · 10 =

2 Verdopple wie Anna.

a) 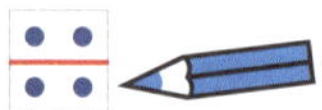

1 · 2 =
2 · 2 =

b) 

2 · 4 =
 · =

c) 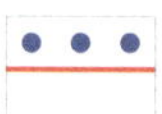

1 · 3 =
 · =

3 Verdopple wie Ben.

a) 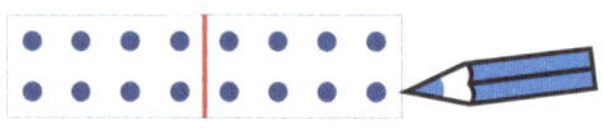

2 · 4 =
2 · 8 =

b) 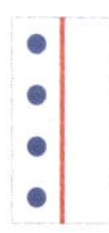

4 · 1 =
 · =

c) 

3 · 2 =
 · =

4 Verdopple die erste Zahl wie Anna. Verdopple die zweite Zahl wie Ben.
Kontrolliere mit dem Punktefeld. Schreibe im Heft.

a) 1 · 5   b) 4 · 2   c) 2 · 2   d) 4 · 5

5 Zeige eine Aufgabe. Jeder findet eine Verdopplung.
Schreibt eure Aufgaben auf.

1: Aufgaben nachlegen: Wird ein Faktor verdoppelt, verdoppelt sich das Produkt.
2 bis 5: Zusammenhang erkennen und zur Kontrolle der Ergebnisse nutzen
4: Bei Bedarf Punktefeld und Abdeckwinkel (Beilage) verwenden

AH S. 35

Multiplizieren mit 2

1 Wie viele Personen können mitfahren?

$1 \cdot 2 = 2$
$2 \cdot 2 = 4$
$3 \cdot 2 =$
$4 \cdot 2 =$
$5 \cdot 2 =$
$6 \cdot 2 =$
$7 \cdot 2 =$
$8 \cdot 2 =$
$9 \cdot 2 =$
$10 \cdot 2 =$

2 Zeichne das Punktefeld. Schreibe die Plusaufgabe und die Malaufgabe in dein Heft.

a) $3 \cdot 2$ b) $1 \cdot 2$ c) $6 \cdot 2$
$2 \cdot 2$ $4 \cdot 2$ $5 \cdot 2$

S.57/2
a) • • $2 + 2 + 2 =$
• • $3 \cdot 2 =$
• •

3 Schreibe die Malaufgabe in dein Heft und rechne.

a)  b)  c) 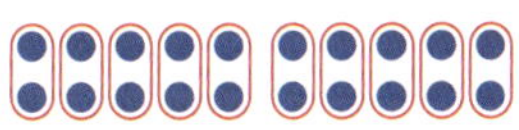 d) 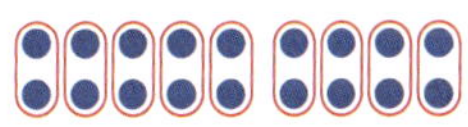

4 Verdopple und rechne.

a) $1 \cdot 2 =$ b) $2 \cdot 2 =$ c) $4 \cdot 2 =$ d) $3 \cdot 2 =$
$2 \cdot 2 =$ $\cdot 2 =$ $\cdot 2 =$ $\cdot 2 =$

5 Rechne immer Aufgabe und Tauschaufgabe.

a) $5 \cdot 2 =$ b) $3 \cdot 2 =$ c) $7 \cdot 2 =$ d) $9 \cdot 2 =$
$2 \cdot 5 =$ $\cdot =$ $\cdot =$ $\cdot =$

6 Finde die Nachbaraufgaben.

a) $5 \cdot 2 =$ b) $2 \cdot 2 =$ c) $\cdot 2 =$ d) $\cdot 2 =$
$\boxed{6 \cdot 2} =$ $\boxed{3 \cdot 2} =$ $\boxed{9 \cdot 2} =$ $\boxed{5 \cdot 2} =$
$7 \cdot 2 =$ $\cdot 2 =$ $\cdot 2 =$ $\cdot 2 =$

1: Situation besprechen und Multiplikation mit 2 erarbeiten, Punktefeld und Abdeckwinkel (Beilage) zur Erarbeitung verwenden 4 und 6: Aufgabenbeziehungen nutzen und besprechen
Aufgaben an der 1 · 1-Tafel markieren, KV 9 (HRU) nutzen

APP

AH S. 36
ÜH S. 28

Multiplizieren mit 5

1 Wie viele Finger siehst du?

1 · 5 = 5
2 · 5 = 10
3 · 5 =
4 · 5 =
5 · 5 =
6 · 5 =
7 · 5 =
8 · 5 =
9 · 5 =
10 · 5 =

2 Zeige am Punktefeld.
Schreibe die Plusaufgabe und die Malaufgabe in dein Heft.

a)	b)	c)
4 · 5	8 · 5	7 · 5
2 · 5	3 · 5	9 · 5
6 · 5	5 · 5	1 · 5

3 Verdopple und rechne.

a)	b)	c)	d)
1 · 5 =	2 · 5 =	4 · 5 =	3 · 5 =
2 · 5 =	· 5 =	· 5 =	· 5 =

4 Rechne immer Aufgabe und Tauschaufgabe im Heft.

a)	b)	c)
1 · 5	3 · 5	2 · 5
5 · 5	6 · 5	4 · 5
10 · 5	9 · 5	8 · 5

5 Finde die Nachbaraufgaben.

a)	b)	c)	d)
5 · 5 =	2 · 5 =	· 5 =	· 5 =
[6 · 5] =	[3 · 5] =	[9 · 5] =	[5 · 5] =
7 · 5 =	· 5 =	· 5 =	· 5 =

6 Welche Aufgaben kannst du schon auswendig? Schreibe sie auf.

1: Situation besprechen und Multiplikation mit 5 erarbeiten, Punktefeld und Abdeckwinkel (Beilage) zur Erarbeitung verwenden   3 bis 5: Aufgabenbeziehungen nutzen
Aufgaben an der 1 · 1-Tafel markieren, KV 9 (HRU) nutzen

APP

AH S. 37
ÜH S. 29

Multiplizieren mit 10

1 Wie viele Eier sind es?

1 · 10 = 10
2 · 10 = 20
3 · 10 =
4 · 10 =
5 · 10 =
6 · 10 =
7 · 10 =
8 · 10 =
9 · 10 =
10 · 10 =

2 Zeige am Punktefeld.
Schreibe die Plusaufgabe und die Malaufgabe in dein Heft.

a)	b)	c)
4 · 10	8 · 10	7 · 10
2 · 10	3 · 10	9 · 10
6 · 10	5 · 10	1 · 10

3 Verdopple und rechne.

a)	b)	c)	d)
1 · 10 =	2 · 10 =	4 · 10 =	3 · 10 =
2 · 10 =	· 10 =	· 10 =	· 10 =

4 Rechne immer Aufgabe und Tauschaufgabe im Heft.

a)	b)	c)
1 · 10	3 · 10	2 · 10
5 · 10	6 · 10	4 · 10
10 · 10	9 · 10	8 · 10

5 Finde die Nachbaraufgaben.

a)	b)	c)	d)
5 · 10 =	2 · 10 =	· 10 =	· 10 =
6 · 10 =	3 · 10 =	7 · 10 =	5 · 10 =
7 · 10 =	· 10 =	· 10 =	· 10 =

6 Welche Aufgaben kannst du schon auswendig? Schreibe sie auf.

1: Erarbeitung der Multiplikation mit 10
3 bis 5: Aufgabenbeziehungen nutzen;
Aufgaben an der 1 · 1-Tafel markieren, KV 9 (HRU) nutzen

APP
AH S. 38
ÜH S. 30

Dividieren – Aufteilen

1 Wie viele Gruppen sind es?

Wir sind 20 Kinder.

20 geteilt durch 5
20 : 5 =

Immer 5 Kinder sind in einer Gruppe.

2 Wie viele Spielgeräte sind es? Lege und schreibe die Aufgabe.

a) 18 Kinder

immer 2 Kinder auf einem Laufrad

18 : 2 =

b) 15 Kinder

immer 3 Kinder auf den Sommerski

15 : =

c) 16 Kinder

immer 4 Kinder in einem Boot

: =

Ich lege für jedes Kind ein Plättchen.

3 Wie viele Türme werden es? Schreibe die Aufgabe.

a) 12 Steine

immer 

: =

b) 18 Steine

immer 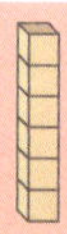

: =

c) 14 Steine

immer 

: =

Mengen in Gruppen gleicher Anzahl aufteilen
1 und 2: Situationen des Aufteilens nachspielen und Division erarbeiten
3: Aufgaben legen

APP

AH S. 39
ÜH S. 31

Dividieren – Verteilen

1 Verteile gerecht. Lege und schreibe die Aufgaben.

MERKE DIR

Dividend	Divisor	Quotient
30 :	5 =	6

Quotient

Dividieren
:
geteilt durch

2 Lege und schreibe die Aufgabe.

a) Verteile 14 Pflaumen auf 2 Kinder.

__ : __ = __

b) Verteile 18 Tomaten auf 3 Teller.

__ : __ = __

c) Verteile 15 Erdbeeren auf 3 Schalen.

__ : __ = __

3 Wie viele Steine hat ein Turm? Schreibe die Aufgabe.

a) Verteile 12 Steine auf 3 Türme.

__ : __ = __

b) Verteile 20 Steine auf 4 Türme.

__ : __ = __

c) Verteile 18 Steine auf 2 Türme.

__ : __ = __

Mengen auf eine feste Anzahl von Gruppen verteilen
1 und 2: Situation des Verteilens nachspielen und passende Divisionsaufgabe finden
3: Aufgaben legen

APP

AH S. 40
ÜH S. 31

Umkehraufgaben

1 Erzähle. Rechne Aufgabe und Umkehraufgabe.

a)

8 : 2 =

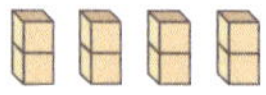

4 · 2 =

b)

4 · 5 =

20 : 5 =

2 Wie viele Türme werden es?
Rechne Aufgabe und Umkehraufgabe.

a) 8 Steine

immer 

8 : 4 =

· 4 = 8

b) 9 Steine

immer 

: =

· =

c) 8 Steine

immer 

: =

· =

d) 10 Steine

immer 

: =

· =

3 Rechne Aufgabe und Umkehraufgabe.

a) 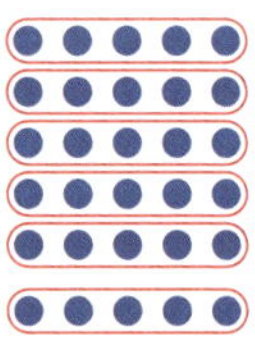

b) 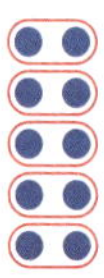

c) 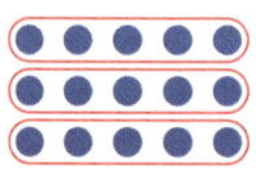

d) 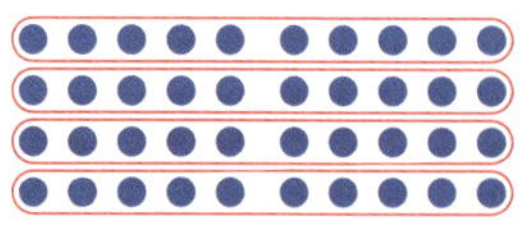

4 Rechne Aufgabe und Umkehraufgabe im Heft.

a) 7 · 10	8 · 5	8 · 2	4 · 1	6 : 10
b) 80 : 10	50 : 5	18 : 2	14 : 2	30 : 10

1 bis 3: Operative Beziehungen zwischen Multiplikation und Division als Aufgabe und Umkehraufgabe herausarbeiten

APP

AH S. 41
ÜH S. 32

Aufgabenfamilien

1

(2) (3) (6)

$2 \cdot 3 =$ ☐

$3 \cdot 2 =$ ☐

$6 : 3 =$ ☐

$6 : 2 =$ ☐

2

a) (2) (5) (10)

$2 \cdot 5 =$ ☐

$5 \cdot 2 =$ ☐

$10 : 5 =$ ☐

$10 : 2 =$ ☐

b) (5) (3) (15)

$5 \cdot 3 =$ ☐

$3 \cdot 5 =$ ☐

☐ $: 3 =$ ☐

☐ $: 5 =$ ☐

c) (4) (8) (2)

$4 \cdot 2 =$ ☐

$2 \cdot 4 =$ ☐

☐ $: 2 =$ ☐

☐ $: 4 =$ ☐

3 Bilde Aufgabenfamilien.

a) (6) (2) (12)

		·		=		
		·		=		
		:		=		
		:		=		

b) (2) (8) (16)

c) (20) (10) (2)

4 Bilde Aufgabenfamilien. Schreibe sie in dein Heft.

a) (4) (5) ( )

b) (5) (6) ( )

c) (10) (3) ( )

d) ( ) (2) (18)

e) (5) ( ) (50)

f) ( ) ( ) (14)

5 Finde selbst Aufgabenfamilien.

6 Mila behauptet: Mit (2), (2), (4) kann man keine Aufgabenfamilie bilden. Stimmt das? Begründe.

1: Aufgabenbeziehungen erkennen, Tauschaufgaben und Umkehraufgaben benennen und nutzen

Halbieren

1 Halbiere. Was passiert mit dem Ergebnis?

2 · 8

Ich halbiere die erste Zahl.

Anna

2 · 8 =
1 · 8 =

2 · 8 =
2 · 4 =

Ich halbiere die zweite Zahl.

Ben

Das Ergebnis wird …

2 Halbiere wie Anna.

a) 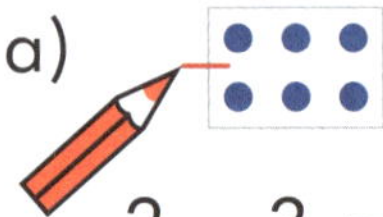

2 · 3 =
1 · 3 =

b) 

4 · 5 =
· =

c) 

4 · 7 =
· =

d) 

6 · 3 =
· =

3 Halbiere wie Ben.

a) 

3 · 6 =
3 · 3 =

b) 

3 · 2 =
· =

c) 

1 · 4 =
· =

d) 

4 · 8 =
· =

4 Halbiere. Kontrolliere mit dem Punktefeld.

a) 2 · 5 =
1 · 5 =

b) 4 · 2 =
· 2 =

c) 2 · 10 =
· 10 =

d) 4 · 5 =
· 5 =

5

a) Anna denkt sich eine Zahl. Sie ist die Hälfte von 4 · 10.

Annas Zahl:

b) Ben denkt sich eine Zahl. Sie ist die Hälfte von 2 · 5.

Bens Zahl:

c) Lisa denkt sich eine Zahl. Sie ist die Hälfte von 8 · 10.

Lisas Zahl:

1: Aufgaben nachlegen: Wird ein Faktor halbiert, halbiert sich das Produkt.
2 bis 5: Zusammenhang erkennen und zur Kontrolle der Ergebnisse nutzen

AH S. 41

Dividieren durch 2

1 Teile gerecht.

12 : 2 = ___

___ · 2 = 12

2 Verteile an Lisa und Amir. Lege und rechne.

a) 

8 : 2 = ___

b) 

___ : 2 = ___

c) 

___ : 2 = ___

d) 

___ : 2 = ___

3 Immer die Hälfte: Lege und rechne.

a) 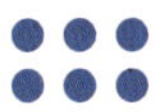 ___ : ___ = ___

b) 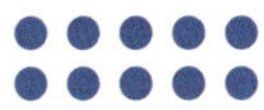 ___ : ___ = ___

c)  ___ : ___ = ___

d)  ___ : ___ = ___

e)  ___ : ___ = ___

4 Lege. Rechne Aufgabe und Umkehraufgabe im Heft.

a)	b)	c)
4 : 2	8 : 2	2 : 2
10 : 2	12 : 2	6 : 2
16 : 2	18 : 2	14 : 2

S. 65 / 4

a) 4 : 2 =
· 2 =

5

a)
2 : 2 = ___
4 : 2 = ___
6 : 2 = ___
___ : 2 = ___
___ : ___ = ___

b)
20 : 2 = ___
18 : 2 = ___
16 : 2 = ___
___ : 2 = ___
___ : ___ = ___

6 Finde die Nachbaraufgaben.

a)
2 : 2 = ___
4 : 2 = ___
6 : 2 = ___

b)
___ : 2 = ___
18 : 2 = ___
___ : 2 = ___

7 Halbiere. Schreibe die Aufgabe und rechne.

14 | 18 | 6 | 20

1: Situation besprechen und Division mit 2 als Halbierung erfassen und die Multiplikation mit 2 (Umkehraufgabe) zum Lösen nutzen; Punktefeld und Abdeckwinkel (Beilage) zur Erarbeitung verwenden
4: Aufgabenbeziehungen nutzen und besprechen

APP

AH S. 42
ÜH S. 34

Dividieren durch 5

1 In der Kiste liegen 30 Äpfel. Wie viele Netze werden gefüllt?

30 : 5 = ___

___ · 5 = 30

2 Immer 5 Früchte in ein Netz: Wie viele Netze werden gefüllt?

a) 

20 : 5 = ___

b) 

___ : 5 = ___

c) 

___ : 5 = ___

d) 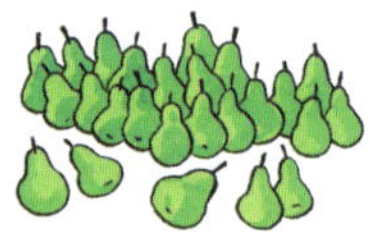

___ : 5 = ___

3 Zeige am Punktefeld. Rechne Aufgabe und Umkehraufgabe im Heft.

a) 30 : 5
40 : 5

b) 25 : 5
35 : 5

c) 5 : 5
20 : 5

d) 50 : 5
45 : 5

4

a)
5 : 5 =
10 : 5 =
15 : 5 =
___ : 5 =
___ : ___ =

b)
45 : 5 =
40 : 5 =
35 : 5 =
___ : 5 =
___ : ___ =

5 Finde die Nachbaraufgaben.

a)
5 : 5 =
[10 : 5] =
15 : 5 =

b)
___ : 5 =
[40 : 5] =
___ : 5 =

6

a)
5 : 5 =
10 : 5 =
20 : 5 =

b)
40 : 5 =
20 : 5 =
10 : 5 =

c)
25 : 5 =
50 : 5 =

d)
30 : 5 =
15 : 5 =

1: Situation besprechen und Multiplikation mit 5 zum Lösen nutzen
5 und 6: Aufgabenbeziehungen nutzen

APP

AH S. 43
ÜH S. 35

Dividieren durch 10

1 Im Korb liegen 50 Eier. Wie viele Packungen werden gefüllt?

50 : 10 = ___

___ · 10 = ___

2 Immer 10 Eier kommen in eine Packung.
Wie viele Packungen werden gefüllt? Schreibe die Geteiltaufgabe.

a) 20 Eier
___ : ___ = ___
60 Eier
___ : ___ = ___
80 Eier
___ : ___ = ___

b) 70 Eier
___ : ___ = ___
40 Eier
___ : ___ = ___
90 Eier
___ : ___ = ___

c) 10 Eier
___ : ___ = ___
30 Eier
___ : ___ = ___
100 Eier
___ : ___ = ___

3 Zeige am Punktefeld. Rechne Aufgabe und Umkehraufgabe im Heft.

a) 30 : 10
40 : 10

b) 70 : 10
50 : 10

c) 60 : 10
100 : 10

d) 50 : 10
20 : 10

4

a) 10 : 10 = ___
20 : 10 = ___
30 : 10 = ___
___ : 10 = ___
___ : ___ = ___

b) 90 : 10 = ___
80 : 10 = ___
70 : 10 = ___
___ : 10 = ___
___ : ___ = ___

5 Finde die Nachbaraufgaben.

a) 10 : 10 = ___
20 : 10 = ___
30 : 10 = ___

b) ___ : 10 = ___
80 : 10 = ___
___ : 10 = ___

c) ___ : 10 = ___
50 : 10 = ___
___ : 10 = ___

d) ___ : 10 = ___
90 : 10 = ___
___ : 10 = ___

1: Situation besprechen und Multiplikation mit 10 zum Lösen nutzen
5 und 6: Aufgabenbeziehungen nutzen

Multiplizieren und Dividieren

1 a) 6 · 2 =
9 · 2 =
4 · 5 =
6 · 10 =
1 · 5 =

b) 5 · 5 =
1 · 10 =
3 · 5 =
5 · 2 =
7 · 2 =

c) 90 : 10 =
40 : 5 =
16 : 2 =
100 : 10 =
45 : 5 =

d) 8 : 2 =
35 : 5 =
70 : 10 =
5 : 5 =
12 : 2 =

1 4 5 6 7 7 8 8 9 9 10 10 10 12 14 15 18 20 25 60

2 a)

·	2	5	10
1			
6			

b)

·	10	5	2
4			
8			

c)

:	10	5	2
10			
20			

1 2 2 2 4 5 5 8 10 10 12 16 20 30 40 40 60 80

3 Bilde Aufgabenfamilien. Schreibe sie in dein Heft.

a) 7 2 14

b) 8 ___ 80

c) 5 4 ___

4 a) Die Faktoren sind 6 und 2. Wie heißt das Produkt?

b) Der Dividend ist 70. Der Divisor ist 10. Wie heißt der Quotient?

5 a) Verdopple. 8 6 10 2 9

b) Halbiere. 20 6 14 8 12

S. 68 / 5

a) 8 · 2 =

6 Wie viele Gruppen werden es? Schreibe die Aufgaben in dein Heft und rechne.

a) 16 Kinder in Zweiergruppen

b) 30 Kinder in Zehnergruppen

7 a) Finde Aufgaben mit dem Produkt 10.

b) Finde Aufgaben mit dem Dividenden 20.

4 und 7: Fachbegriffe wiederholen

APP

AH S. 45 und 46
ÜH S. 37

Kernaufgaben

1 Zeige am Punktefeld und rechne im Heft. Finde immer 10 Aufgaben.

a) Schreibe die Tauschaufgaben der Malfolgen mit 2 und 10 auf.

2 · 1	10 · 1
2 · 2	10 · 2
2 · 3	10 · 3
__ · __	__ · __

b) Halbiere alle Aufgaben aus a).

1 · 1	5 · 1
1 · 2	5 · 2
1 · 3	5 · 3
__ · __	__ · __

2 Schreibe die Kernaufgaben der Malfolgen in dein Heft.

2 3 4 5 6

7 8 9 10

3 Nutze die Kernaufgaben zum Lösen schwieriger Aufgaben.

a)

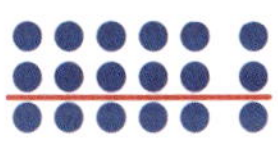

3 · 6 = __

2 · 6 = __

1 · 6 = __

b)

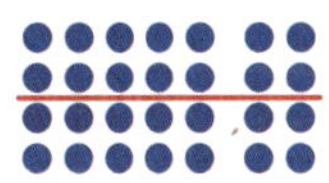

4 · 7 = __

2 · 7 = __

2 · 7 = __

c)

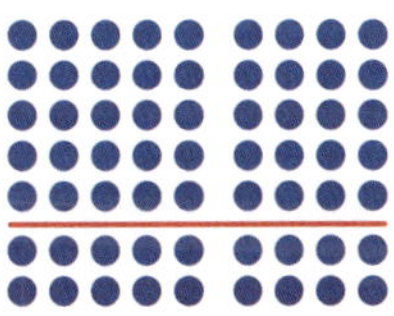

7 · 9 = __

5 · 9 = __

2 · 9 = __

d)

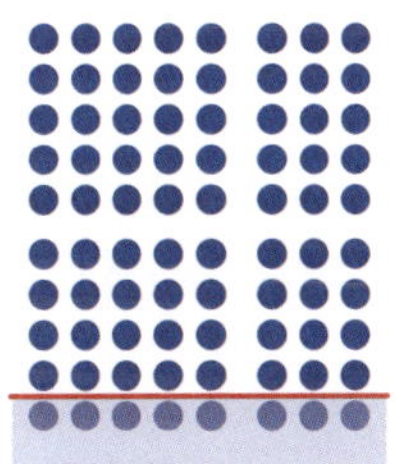

9 · 8 = __

10 · 8 = __

1 · 8 = __

4 Finde die Kernaufgaben.

a)	b)	c)	d)
__ · 3 = 30	__ · 5 = 10	__ · 10 = 50	__ · 4 = 4
__ · 3 = 3	__ · 5 = 25	__ · 10 = 20	__ · 4 = 40
__ · 3 = 6	__ · 5 = 50	__ · 10 = 10	__ · 4 = 20
__ · 3 = 15	__ · 5 = 5	__ · 10 = 100	__ · 4 = 8

1 und 2: Kernaufgaben erarbeiten und thematisieren, dass diese besonders einfach zu lösen sind
3: Kernaufgaben zum Lösen nutzen und den Zusammenhang zwischen Aufgabe und Teilaufgaben besprechen

APP AH S. 45 und 46 ÜH S. 37

Multiplizieren und Dividieren mit 1 und 0

1 a) 

1 + 1 = __

__ · 1 = __

b) 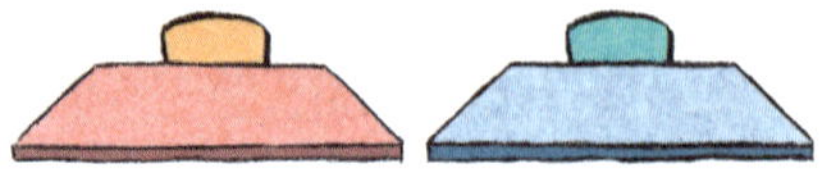

0 + 0 = __

__ · 0 = __

2 Schreibe die Malaufgabe und rechne.

a) 1 + 1 + 1 + 1 + 1 + 1 + 1 + 1

__ · __ = __

1 + 1 + 1 + 1

__ · __ = __

1 + 1 + 1 + 1 + 1 + 1

__ · __ = __

b) 0 + 0 + 0 + 0 + 0 + 0 + 0 + 0

__ · __ = __

0 + 0 + 0 + 0

__ · __ = __

0 + 0 + 0 + 0 + 0 + 0

__ · __ = __

3 Schreibe die Malfolgen auf.
Markiere die Kernaufgaben.

a) 1 · 1
2 · 1
3 · 1
__ · 1

b) 1 · 0
2 · 0
3 · 0
__ · __

4 Rechne Aufgabe und Tauschaufgabe im Heft.

a) 4 · 1
7 · 1
9 · 1
3 · 1

b) 5 · 0
4 · 0
6 · 0
9 · 0

MERKE DIR

Multiplizieren mit 0 ergibt immer 0.

__ · 0 = 0
0 · __ = 0

5 

5 : 1
8 : 1
6 : 1

6 

0 : 1
0 : 5
0 : 2

1: Situationen nachspielen und die Besonderheiten bei der Multiplikation mit 1 und 0 herausarbeiten, dabei den Zusammenhang von Addition und Multiplikation anwenden
5: Situationen nachspielen; Aufgaben durch Legen oder mithilfe des Nachspielens lösen

AH S. 46

Gerade und ungerade Zahlen

1

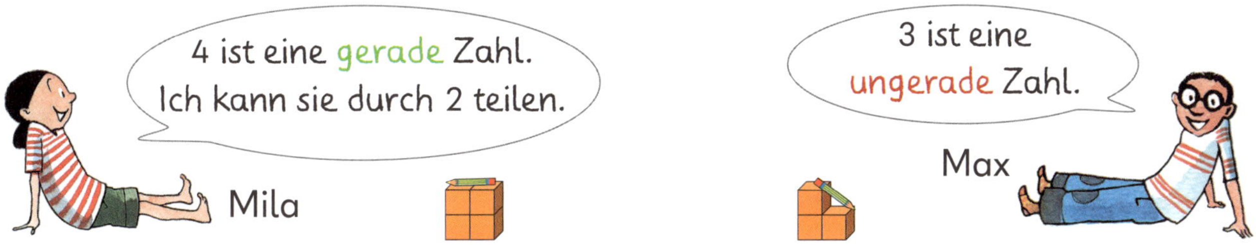

0	1	2	3	4	5	6	7	8	9	10	11	12	13	14	15	16	17	18	19	20

a) Markiere die Einer der geraden Zahlen grün.
b) Markiere die Einer der ungeraden Zahlen rot.
c) Was fällt dir auf?

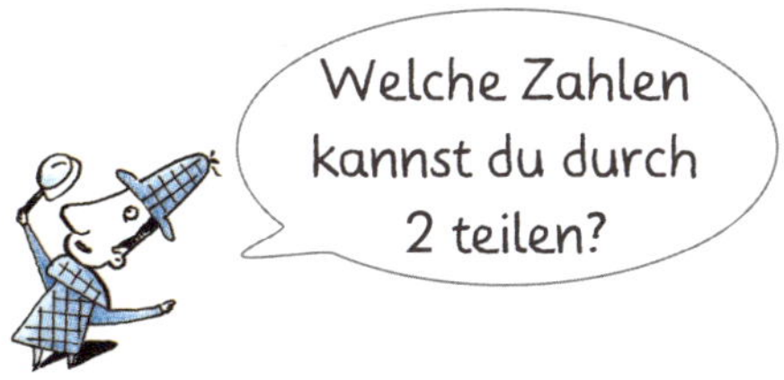

MERKE DIR

Alle geraden Zahlen haben im Einer eine 0 2 4 6 oder 8.
Alle ungeraden Zahlen haben im Einer eine 1 3 5 7 oder 9.

2 a) Schreibe die geraden Zahlen von 20 bis 30 in dein Heft.
b) Schreibe die ungeraden Zahlen von 50 bis 60 in dein Heft.

3 Gerade oder ungerade? Male passend an.

46 52 57 63 65 70 74 79 86 91 98

4 16 44 30 28

S. 71 / 4
a) 16 + 16 =
44 + 44 =

a) Verdopple diese geraden Zahlen.
Ist das Ergebnis gerade oder ungerade?
Schreibe und markiere im Heft.
b) Halbiere diese geraden Zahlen.
Ist das Ergebnis gerade oder ungerade? Schreibe und markiere im Heft.

5 15 43 31 27

a) Verdopple diese ungeraden Zahlen. Ist das Ergebnis gerade oder ungerade? Schreibe und markiere im Heft.
b) Halbiere. Was stellst du fest?

1: Türme nachbauen und ausprobieren, welche Zahlen gerade und ungerade sind; Erkennen, dass gerade Zahlen durch 2 teilbar sind und Einerstellen bei der Unterscheidung helfen

BIST DU FIT?

1

a)
8 · 1 =
7 · 5 =
4 · 2 =
5 · 10 =

b)
6 · 5 =
9 · 0 =
3 · 10 =
0 · 10 =

c)
40 : 5 =
18 : 2 =
7 : 1 =
80 : 10 =

d)
16 : 2 =
20 : 10 =
0 : 1 =
45 : 5 =

2

a) 3 2 6

b) 6 10 ___

c) ___ 5 20

3

a)

·	2	5	10
2			
5			

b)

·	1	5	2
7			
9			

c)

:	1	2	5
20			
10			

4

a)
1 · 4 =
2 · 4 =
5 · 4 =
10 · 4 =

b)
1 · 8 =
2 · 8 =
5 · 8 =
10 · 8 =

c)
1 · 6 =
2 · 6 =
5 · 6 =
10 · 6 =

d)
1 · 9 =
2 · 9 =
5 · 9 =
10 · 9 =

5

6 Schreibe 5 gerade und 5 ungerade Zahlen von 40 bis 90 auf.

Aufgaben als Rückmeldung über den Leistungsstand nutzen
KV 1 (HRU) nutzen

APP PH S. 6 und 7

1 · 1 – Rennen

Ihr braucht einen Würfel und Spielfiguren.
Würfle, rücke vor und löse die Aufgabe.
Ein anderes Kind kontrolliert.
Hast du richtig gerechnet, darfst du noch einmal würfeln.

Würfel, Quader, Kugel

ERINNERE DICH

 Würfel  Quader 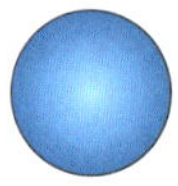 Kugel

Würfel, Quader und Kugeln sind Körper.

1 Sammelt Gegenstände, die die Form der Körper haben. Gestaltet eine Ausstellung.

2 Sortiert die Gegenstände. Welche Form haben sie?

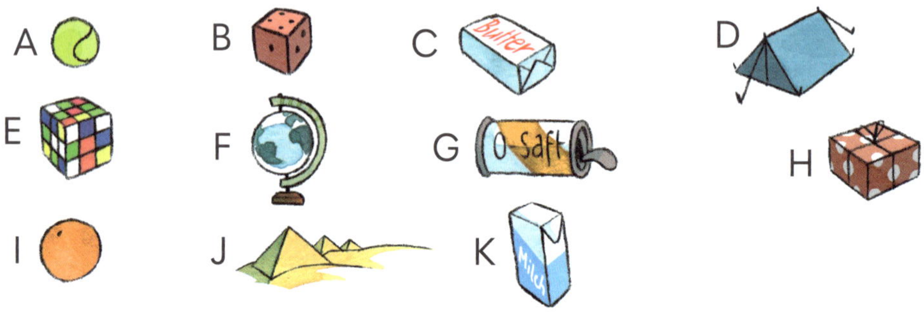

Würfel — Quader — Kugel — andere Körper

3

MERKE DIR

4 Wie viele Flächen, Ecken und Kanten haben Quader, Würfel und Kugel? Vergleiche.

	Quader	Würfel	Kugel
Flächen			
Ecken			
Kanten			

1 und 2: Alltagsgegenstände den Körpern zuordnen
3 und 4: Begriffe „Fläche", „Ecke", „Kante" einführen und Anzahlen am Körper bestimmen

APP

AH S. 47

5 a) Umfahre mit Bleistift die Flächen eines Quaders.
Welche Form haben die Flächen?

b) Umfahre mit Bleistift die Flächen eines Würfels.
Welche Form haben die Flächen?

c) Vergleiche die Flächen von Quader und Würfel.

6 Welche Körper können es sein?

7 Richtig *r* oder *f* falsch? Trage ein.

a) Ein Würfel hat 6 Flächen.
b) Ein Quader hat 4 Flächen.
c) Ein Würfel hat 8 Ecken.
d) Ein Quader hat mehr Ecken als ein Würfel.
e) Ein Würfel hat 10 Kanten.
f) Eine Kugel hat keine Ecken und Kanten.
g) Ein Würfel hat gleich große Flächen.
h) Die Flächen eines Würfels sind Quadrate.

8 Wer hat Recht? Begründe.

5: Flächen des Quaders und Würfels vergleichen: Würfel haben immer quadratische Flächen.
8: Jeder Würfel ist ein besonderer Quader.

AH S. 48
ÜH S. 39

Würfelbauten

1 Baut verschiedene Würfelgebäude. Beschreibt.

über
oben
links rechts auf
vor
hinter
unten neben

2 Wie viele Würfel sind es? Du kannst auch nachbauen.

a) 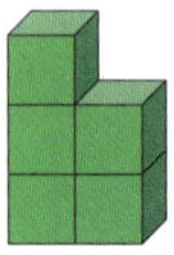 Würfel

b)  Würfel

c)  Würfel

d) 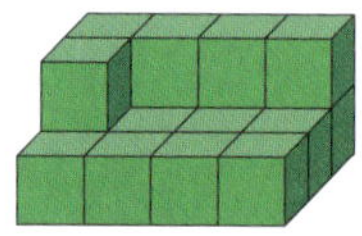 Würfel

e)  Würfel

f) 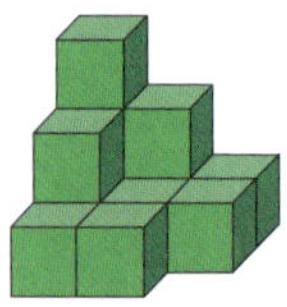 Würfel

g)  Würfel

h)  Würfel

3 In welcher Reihenfolge wurde gebaut?

a) A  B 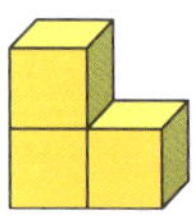 C  D 

B ,

b) A  B  C  D 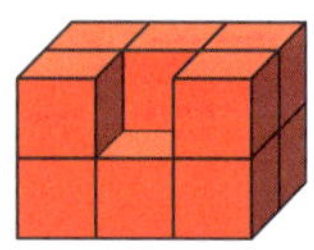

4 Baue nach. Lege dann einen Würfel um.

a) 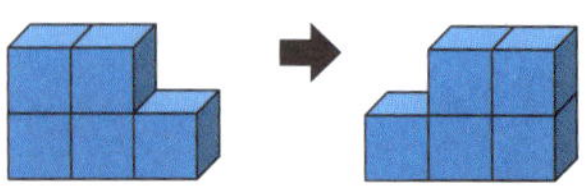

b) 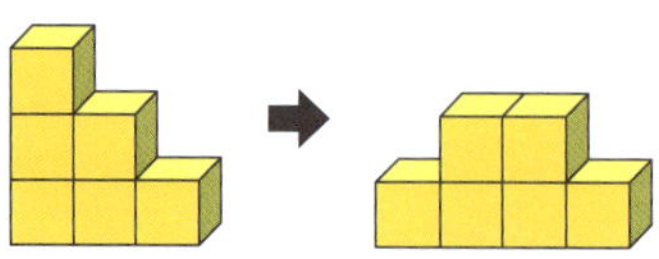

c) 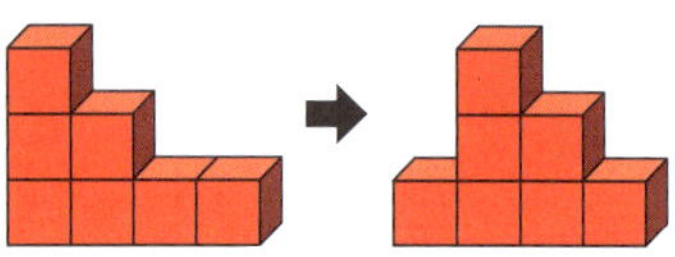

d) 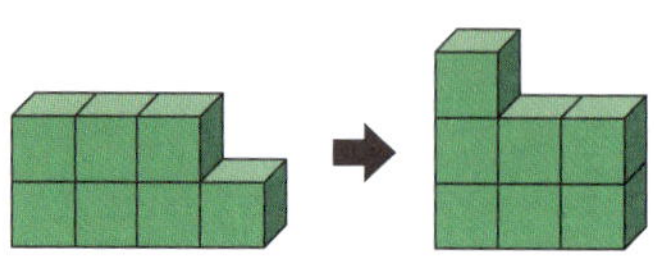

1: Würfelgebäude beschreiben, Begriffe des Wortspeichers verwenden
3: Reihenfolge erkennen und bei Bedarf nachbauen
4: Würfelbauten umbauen, dabei beschreiben, welcher Würfel umgelegt werden muss

AH S. 49

5

6 Baue nach Bauplan. Vergleiche mit einem anderen Kind.

a)

1	2	3
1	2	3
1	2	3

b)

1	2	1
2	3	2
1	2	1

c)

3	2	1
2	3	2
1	2	3

d)

1	2	3
3	2	1
1	2	3

7 Welcher Bauplan passt zu welchem Gebäude? Verbinde.

a)

A 

B 

C 

D 

1

3	3	
3	3	

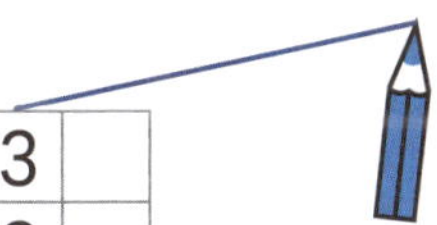

2

2	2	
2	2	

3

3	3	
2	2	

4

3	2	1
2	1	
1		

b)

A 

B 

C 

D 

1

	1	2
1	1	1
	1	1

2

2	1	
1	1	1
1	1	

3

3	2	1
2	2	
2	2	

4

2	2	1
3	2	
2	2	

8 Baue. Schreibe die Baupläne.

5: Begriff „Bauplan“ einführen und erklären, dass die Zahlen die Anzahl der Würfel übereinander darstellen
7: Würfelgebäude zuordnen
8: Baupläne schreiben, KV 11 (HRU) nutzen

Lagebeziehungen

links von | rechts von | hinter | neben | vor | zwischen

1 Frau Moll steht vor der Klasse. Sie sieht die Kinder von vorn.

a) Entscheidet, ob ihre Aussagen richtig oder falsch sind.

Tom sitzt hinter Leo.

Niklaus sitzt rechts von Lisa.

Anna sitzt neben Amir.

Amir sitzt links von Emma.

Ben sitzt vor Max.

Klara sitzt zwischen Emma und Ben.

b) Frau Moll überlegt: „Wo sitzt Max?“

c) Stellt euch solche Fragen.

2 a) Wer hat recht?

Tom sitzt rechts neben mir.

Mila sitzt rechts neben mir.

b) Was sagen Amir und Emma?

3 Wer bin ich?

Ich sitze hinter Ben.

Ich sitze vor Leo.

Rechts neben mir sitzt Max.

Ich sitze links von Anna.

4 Wer hat recht?

Leo sitzt rechts von Anna.

Leo sitzt links von mir.

1: Standorte der Kinder beschreiben, Begriffe verwenden
2 bis 4: Aussagen überprüfen, sich dabei in die Situation der verschiedenen Personen versetzen (Perspektivwechsel)

APP

5 Wo befinden sich die Spielgeräte?

neben – in der Mitte – rechts von – links von – zwischen

6 Wer hat welches Foto gemacht?

1 

2 

3 

4 

7 Wo könnten die Kinder ankommen?

Ben geht immer geradeaus.

Anna geht zuerst geradeaus und biegt dann nach links ab.

Amir geht immer geradeaus. Sein Weg biegt dann nach rechts ab.

Lisa geht geradeaus.

8 Beschreibt die Wege.

Ben möchte zum Tipi.
Anna möchte zur Wippe.
Amir möchte zum Karussell.
Lisa möchte balancieren.

5: Standorte der Spielgeräte beschreiben
6: Perspektiven der Kinder erkennen
8: Wege beschreiben, dabei Sätze aus Aufgabe 7 als Sprachvorbild verwenden

Addieren – Zweistellige Zahlen und Zehnerzahlen

1

2

a) 54 + 20 =
38 + 60 =
66 + 30 =
27 + 50 =

b) 36 + 30 =
45 + 40 =
29 + 60 =
44 + 30 =

c) 52 + 30 =
33 + 60 =
42 + 40 =
36 + 50 =

d) 17 + 60 =
21 + 20 =
49 + 50 =
67 + 10 =

e) 21 + 70 =
33 + 40 =
62 + 20 =
11 + 60 =

3

a) 36 + ___ = 86
44 + ___ = 54
12 + ___ = 72
88 + ___ = 98

b) 61 + ___ = 91
13 + ___ = 63
48 + ___ = 88
65 + ___ = 95

c) 55 + ___ = 95
37 + ___ = 57
23 + ___ = 93
38 + ___ = 98

10 10 20 30
30 40 40 50
50 60 60 70

4

a) 30 + 44 =
20 + 76 =
10 + 88 =
60 + 12 =

b) 40 + 38 =
50 + 47 =
70 + 21 =
80 + 15 =

b) 50 + 34 =
30 + 63 =
20 + 47 =
30 + 43 =

5 Berechne die Summe aus 46 und 30.

1: Aufgaben mit Legematerial und der Strich-Punkt-Darstellung erarbeiten
2 und 3: Aufgaben legen oder zeichnen und rechnen
4: Tauschaufgabe als Lösungshilfe nutzen

APP

AH S. 50

Subtrahieren – Zehnerzahlen von zweistelligen Zahlen

1

2

a) 73 – 30 = ☐
22 – 10 = ☐
66 – 20 = ☐
78 – 40 = ☐

b) 54 – 20 = ☐
71 – 50 = ☐
49 – 30 = ☐
93 – 60 = ☐

c) 95 – 60 = ☐
44 – 10 = ☐
55 – 20 = ☐
39 – 20 = ☐

d) 59 – 40 = ☐
95 – 70 = ☐
84 – 40 = ☐
76 – 50 = ☐

e) 58 – 40 = ☐
66 – 40 = ☐
98 – 50 = ☐
44 – 40 = ☐

Lege oder zeichne.

4 12 18 19 19
19 21 25 26 26
33 34 34 35 35
38 43 44 46 48

3

a) 37 – ☐ = 17
98 – ☐ = 58
76 – ☐ = 36
44 – ☐ = 24

b) 81 – ☐ = 31
79 – ☐ = 29
93 – ☐ = 33
66 – ☐ = 36

c) 56 – ☐ = 46
92 – ☐ = 22
69 – ☐ = 39
84 – ☐ = 24

10 20 20
30 30 40
40 50 50
60 60 70

4 Der Minuend ist 87, die Differenz ist 47.
Berechne den Subtrahenden.

5 Löse die besonderen Aufgaben. Was fällt dir auf?

a) 54 – 20 = ☐
64 – 20 = ☐
74 – ☐ = ☐
☐ – ☐ = ☐

b) 78 – 20 = ☐
78 – 30 = ☐
☐ – 40 = ☐
☐ – ☐ = ☐

c) 66 – 10 = ☐
76 – 20 = ☐
86 – ☐ = ☐
☐ – ☐ = ☐

1: Aufgaben mit Legematerial und der Strich-Punkt-Darstellung erarbeiten
2 und 3: Aufgaben legen oder zeichnen und rechnen

Addieren ohne Zehnerübergang

1

Lisa

53 + 25 =

53 + 20 = 73

73 + 5 =

Amir

2 Lege oder zeichne.

26 + 33 =	38 + 41 =	25 + 32 =	36 + 53 =
26 + 30 =	38 + 40 =	25 + 30 =	36 + 50 =
+ 3 =	+ 1 =	+ 2 =	+ 3 =

3 Löse die besonderen Aufgaben.

a)	b)	c)
21 + 17 =	23 + 22 =	14 + 25 =
21 + 27 =	33 + 22 =	24 + 35 =
+ 37 =	43 + =	+ =
+ =	+ =	+ =

4 Erklärt, wie Leo rechnet.

32 + 16 = 48

30 + 10 = 40

2 + 6 = 8

5 Rechne wie Leo in deinem Heft.

a)	b)
36 + 43	33 + 16
16 + 62	45 + 34
51 + 34	31 + 38
47 + 42	45 + 53

6 Rechne mit deinem Weg im Heft.

a)	b)	c)	d)	e)
34 + 25	22 + 33	13 + 24	17 + 31	22 + 44
18 + 61	45 + 42	33 + 42	21 + 26	31 + 56
52 + 34	23 + 76	42 + 43	42 + 53	62 + 24
27 + 41	54 + 13	26 + 52	67 + 12	11 + 63

37 47 48 55 59 66 67 68 74 75 78 79 79 85 86 86 87 87 95 99

1: Aufgaben mit Legematerial und der Strich-Punkt-Darstellung erarbeiten
3: Muster erkennen und fortsetzen, unter Verwendung der Fachbegriffe verbalisieren, weitere besondere Aufgaben finden und lösen 4: Beide Summanden erst zerlegen und dann addieren.

APP

AH S. 51
ÜH S. 40

Subtrahieren ohne Zehnerübergang

1

2 Lege oder zeichne.

22 – 11 =	93 – 42 =	78 – 35 =	44 – 21 =
22 – 10 =	93 – 40 =	78 – 30 =	44 – 20 =
☐ – 1 =	☐ – 2 =	☐ – 5 =	☐ – 1 =

3 Löse die besonderen Aufgaben.

a)	b)	c)
85 – 52 =	35 – 23 =	68 – 36 =
85 – 42 =	45 – 23 =	78 – 46 =
☐ – 32 =	55 – ☐ =	☐ – ☐ =
☐ – ☐ =	☐ – ☐ =	☐ – ☐ =

4 Erklärt, wie Klara rechnet.

68 – 35 = 33
60 – 30 = 30
8 – 5 = 3

5 Rechne wie Klara in deinem Heft.

a)	b)
87 – 56	96 – 26
56 – 13	49 – 25
96 – 33	97 – 55
76 – 26	35 – 14

6 Rechne mit deinem Weg im Heft.

a)	b)	c)	d)	e)
73 – 32	59 – 23	95 – 63	59 – 24	78 – 35
25 – 13	48 – 35	47 – 23	95 – 13	67 – 15
66 – 33	82 – 31	55 – 21	84 – 34	98 – 24
78 – 47	85 – 62	39 – 17	76 – 35	44 – 33

11 12 13 22 23 24 31 32 33 34 35 36 41 41 43 50 51 52 74 82

1: Aufgaben mit Legematerial und der Strich-Punkt-Darstellung erarbeiten
3: Muster erkennen und fortsetzen, unter Verwendung der Fachbegriffe verbalisieren, weitere besondere Aufgaben finden und lösen 4: Thematisieren, dass dieser Rechenweg nicht immer funktioniert

APP AH S. 52 ÜH S. 41

Addieren und Subtrahieren ohne Zehnerübergang

1

a) 26 + 43 =
14 + 44 =
45 + 22 =
71 + 28 =

b) 47 − 25 =
68 − 57 =
69 − 38 =
54 − 43 =

c) 41 + 37 =
22 + 72 =
96 − 54 =
77 − 22 =

11 11 22
31 42 55
55 67 69
78 94 99

3

90 − 24	48 − 16	99 − 4	77 − 45	45 + 21	51 + 26
98 − 21	32	77	95	66	83 − 51
54 + 41	32 + 63	75 − 43	88 − 11	42 + 24	70 + 25

3 Am Mathematikwettbewerb nehmen 32 Kinder der Waldschule und 27 Kinder der Parkschule teil.
Wie viele Kinder nehmen insgesamt am Wettbewerb teil?

4

a)

+	32	43		
24			49	
41				76

b)

−	23		44	
87		32		
65				34

5 Bilde Aufgabenfamilien. Schreibe sie in dein Heft.

a) 26 43 69

b) 12 83

c) 36 59

d) 97

e) 75

f)

6 Ich denke mir eine Zahl. Zu ihr addiere ich 23 und erhalte 54. Wie heißt meine Zahl?

3: Sachaufgaben mithilfe der didaktischen Schrittfolge beantworten

APP AH S. 53 und 54
ÜH S. 42

7 a) 36 + ___ = 78
44 + ___ = 67
52 + ___ = 89
23 + ___ = 94

b) 92 − ___ = 51
86 − ___ = 33
44 − ___ = 22
78 − ___ = 42

c) ___ + 21 = 67
___ + 33 = 94
___ − 42 = 34
___ − 12 = 77

22 23 36 37 41 42 46 53 61 71 76 89

8 a) 23 $\xrightarrow{+\ \_\_}$ 35
16 $\xrightarrow{+\ \_\_}$ 78
44 $\xrightarrow{+\ \_\_}$ 86
32 $\xrightarrow{+\ \_\_}$ 64

b) 96 $\xrightarrow{-\ \_\_}$ 31
83 $\xrightarrow{-\ \_\_}$ 62
90 $\xrightarrow{-\ \_\_}$ 56
43 $\xrightarrow{-\ \_\_}$ 21

9

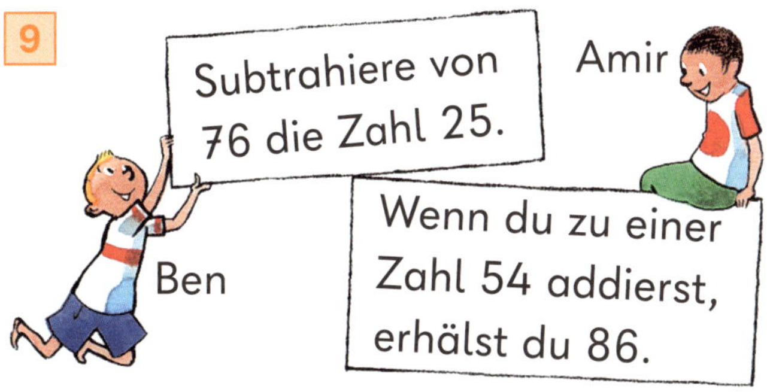

10 a)

21	13	32

b)

43	12	22

c)

	89	
33		
	22	

11 Setze das richtige Zeichen ein: <, >, =.

a) 42 + 17 ◯ 60
24 + 25 ◯ 44
44 + 33 ◯ 77
51 + 44 ◯ 90

b) 59 − 36 ◯ 25
78 − 47 ◯ 31
35 − 24 ◯ 12
99 − 48 ◯ 32

c) 35 ◯ 24 + 11
86 ◯ 99 − 23
63 ◯ 41 + 32
43 ◯ 77 − 32

12 Finde Additionsaufgaben und Subtraktionsaufgaben.

23	72	43	45	21
54	32	18	6	36

8: Platzhalteraufgaben als Rechenbefehle lösen
11: Differenzierung: begründen, bei welchen Aufgaben nicht gerechnet werden muss

AH S. 53 und 54
ÜH S. 42

Sachaufgaben – Skizzen

1 Auf dem Bauernhof leben 6 Hühner. Wie viele Beine haben sie zusammen?

a) Welche Skizze passt zur Aufgabe?

A

B

C

b) Löse die Aufgabe.

? Ich frage: Wie viele Beine haben sie zusammen?

= Ich rechne:

Ich antworte: ______ Beine haben sie zusammen.

2 Auf dem Parkplatz stehen 5 Autos. Wie viele Räder haben sie zusammen?
Welche Skizze passt zur Aufgabe? Löse mithilfe der Skizze.

A

B

C

= Ich rechne:

Ich antworte:

3 Klara pflückt 5 Blumen. Max pflückt 2 Blumen mehr als Klara.
Wie viele Blumen haben sie zusammen?
Welche Skizze passt zur Aufgabe? Löse mithilfe der Skizze.

A

B

C
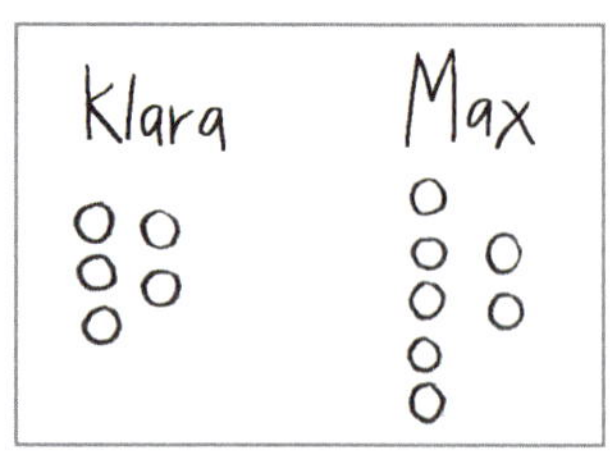

= Ich rechne:

Ich antworte:

Sinnhaftigkeit von Skizzen erläutern: Eine Skizze hilft die Aufgabe zu verstehen und zu lösen.
1 bis 3: Teilhandlung Lesen einer Skizze; passende Skizze zum Sachverhalt erkennen und mithilfe dieser die Aufgabe lösen

APP

AH S. 55
ÜH S. 43

4 Welche Skizze passt zur Aufgabe? Verbinde und begründe.

a) A 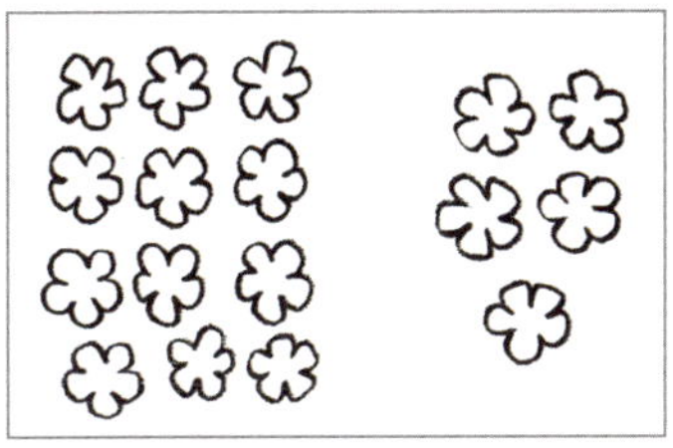 $12 + 3 = 15$ 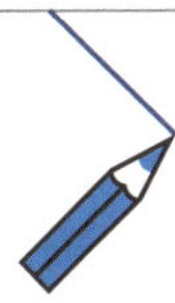 B 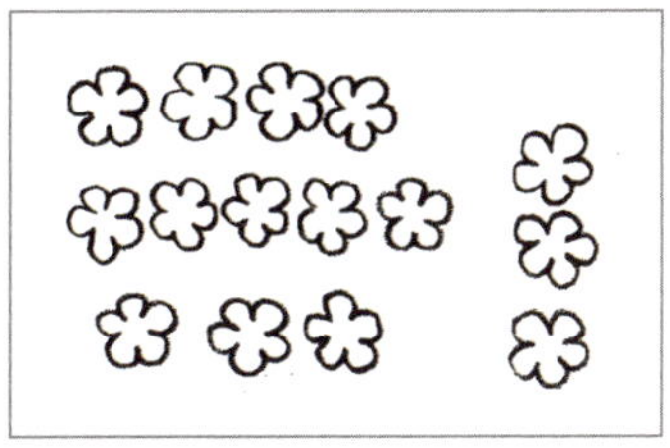

b) A 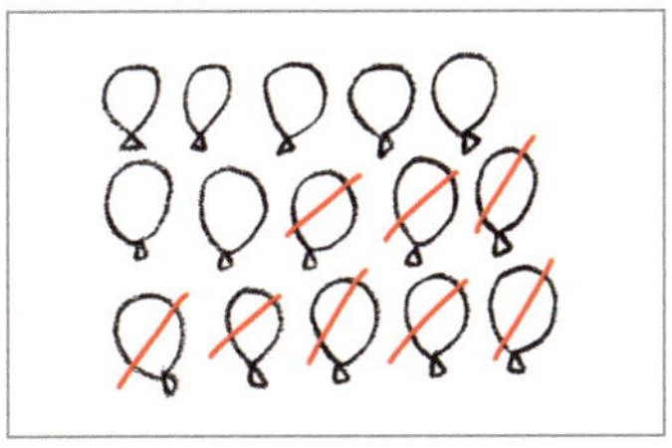 $15 - 8 = 7$ B 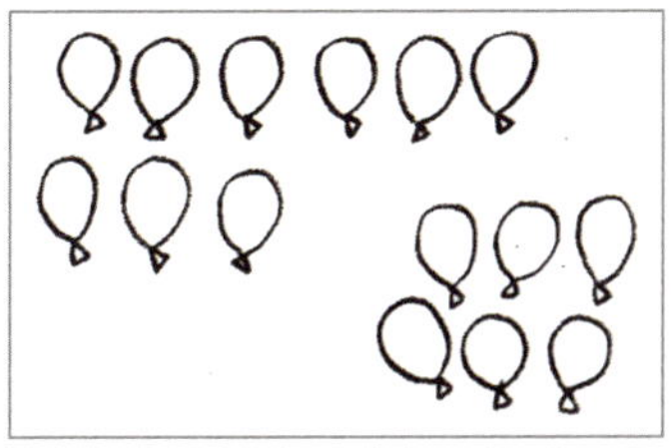

c) A 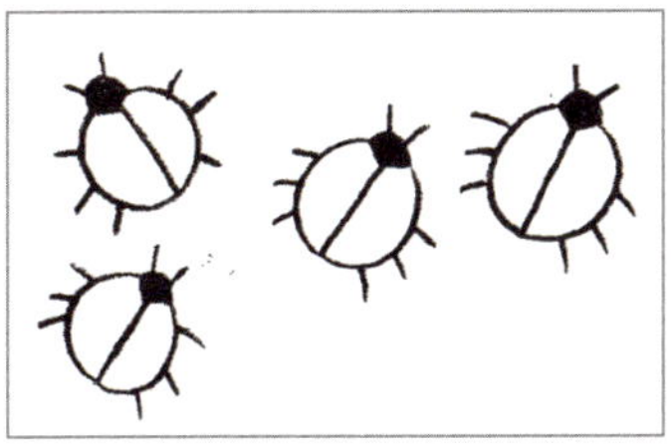 $4 \cdot 6 = 24$ B 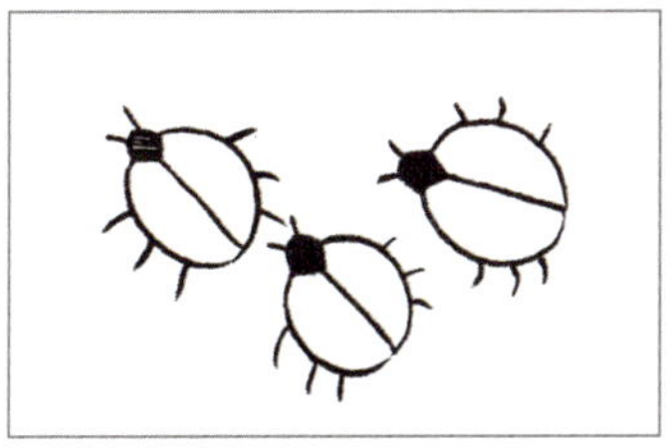

d) A  $20 : 5 = 4$ B 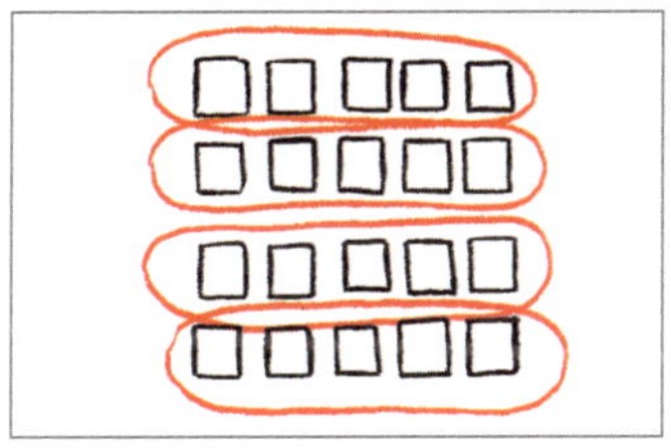

5 Löse die Aufgaben mithilfe einer Skizze.

a) Auf dem Hof leben 4 Hunde. Wie viele Beine haben sie?
b) Im Streichelzoo sind 5 Ziegen und 3 Hühner.
Wie viele Beine sind es zusammen?
c) Auf der Wiese stehen 5 Bäume. Auf jedem Baum sitzen 3 Vögel.
Wie viele Vögel sitzen auf den Bäumen?
d) Von 14 Erdbeeren werden 5 aufgegessen. Wie viele Erdbeeren sind noch übrig?

6 Zeichne eine Skizze.
Ein anderes Kind findet eine passende Aufgabe.

5: Selbst Skizzen anfertigen, auf Vereinfachung achten

BIST DU FIT?

1 Welche Körper sind es?

a) Der Körper hat 12 Kanten, 8 Ecken und 6 Flächen. Die Flächen sind Quadrate.

b) Der Körper hat 12 Kanten, 8 Ecken und 6 Flächen. Die Flächen sind Rechtecke.

c) Der Körper hat keine Ecken und Kanten. Er hat eine Fläche.

2 Welcher Bauplan passt zu welchem Gebäude? Verbinde.

A

B
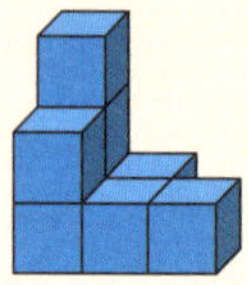

C

D

1

3	1	
2	1	1

2

3	1	
1	1	1

3

2	3	1
1	1	

4

2	3	
1	1	1

3 Schreibe die Baupläne.

a)

b)

c)

d)

4

a) 46 + 50 =
21 + 10 =
20 + 76 =
38 + 60 =

b) 45 − 30 =
91 − 70 =
66 − 50 =
52 − 40 =

c) 22 + ___ = 72
33 + ___ = 93
72 − ___ = 42
54 − ___ = 14

5

a) 36 + 23 =
44 + 52 =
28 + 61 =
52 + 25 =

b) 74 − 52 =
88 − 43 =
67 − 35 =
53 − 22 =

c) 42 + ___ = 68
51 + ___ = 85
96 − ___ = 54
75 − ___ = 23

Aufgaben als Rückmeldung über den Leistungsstand nutzen
KV 1 (HRU) nutzen

APP PH S. 4 und 10

Rechenspiele

1 Löse die Aufgaben und trage die Lösungen in das Bingofeld ein.

Die Kinder legen beim Kontrollieren ein Plättchen auf die richtige Lösungszahl. Wer zuerst 3 Plättchen nebeneinander, untereinander oder diagonal hat, gewinnt.

36 + 43 | 21 + 54 | 36 – 15 | 72 – 51 | 66 + 22

55 + 42 | 95 – 54 | 42 + 17 | 84 – 32

2 Finde möglichst viele Aufgaben.

3 | 4 | 7 | 8 | 15

20 | 24 | 28 | 35 | 40

Symmetrische Figuren

1 Stelle Faltschnitte her.

MERKE DIR

Eine Figur ist **symmetrisch**, wenn beide Hälften deckungsgleich sind. Sie spiegeln sich an der Spiegelachse / Symmetrieachse.

2 Betrachte die Fotos. Was stellst du fest?

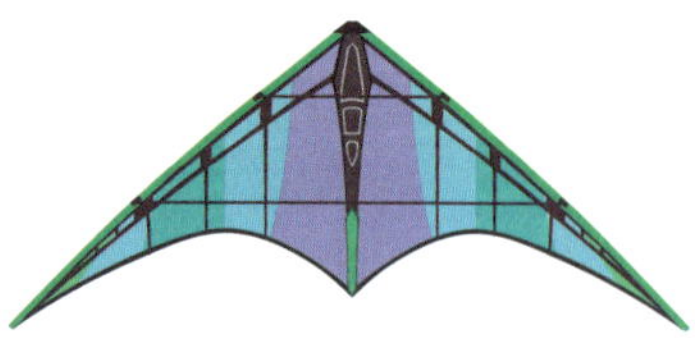

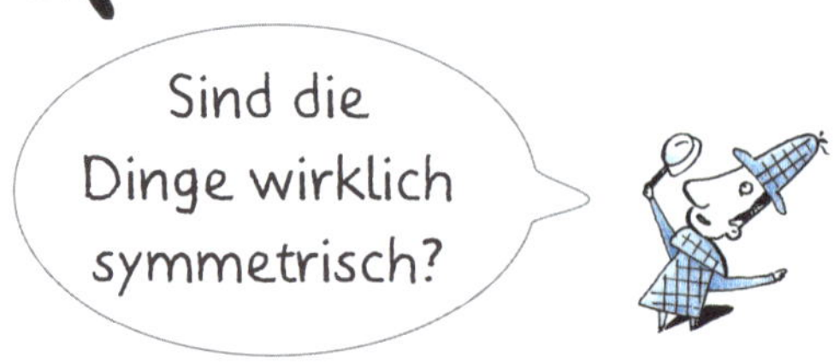

3 Findet symmetrische Bilder und gestaltet eine Ausstellung.

1: Faltschnitte herstellen, Begriffe „Spiegelachse“ und „Symmetrieachse“ einführen
2: Objekte aus der Umwelt überprüfen und darüber reden, dass in der Umwelt nur annähernd Symmetrie auftritt

AH S. 56

4 Welche Figuren sind symmetrisch? Prüfe mit dem Spiegel.

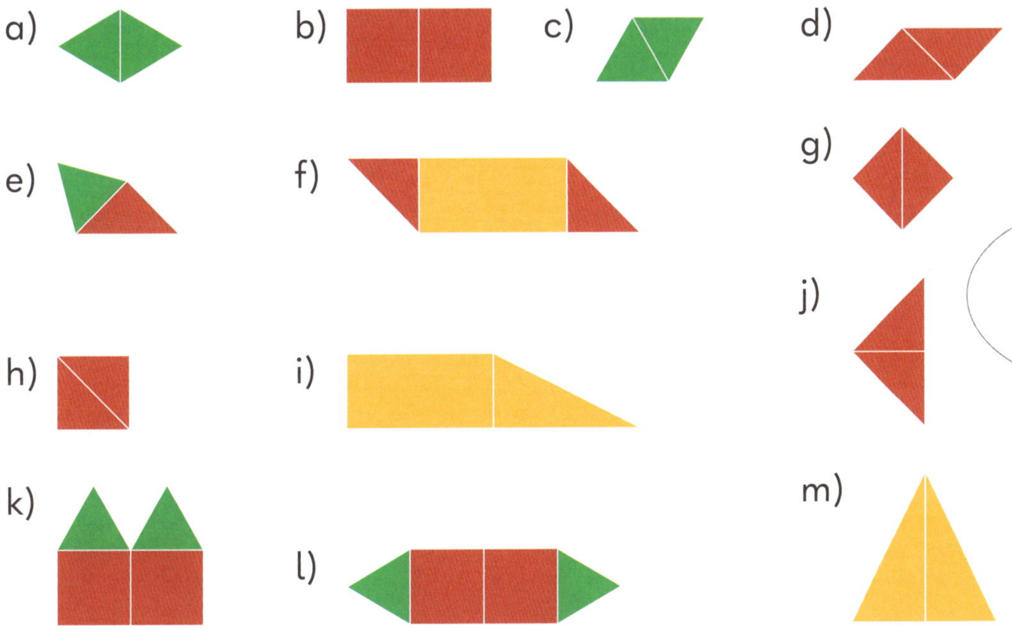

5 Lege die Figur. Lege das Spiegelbild dazu. Überprüfe mit dem Spiegel.

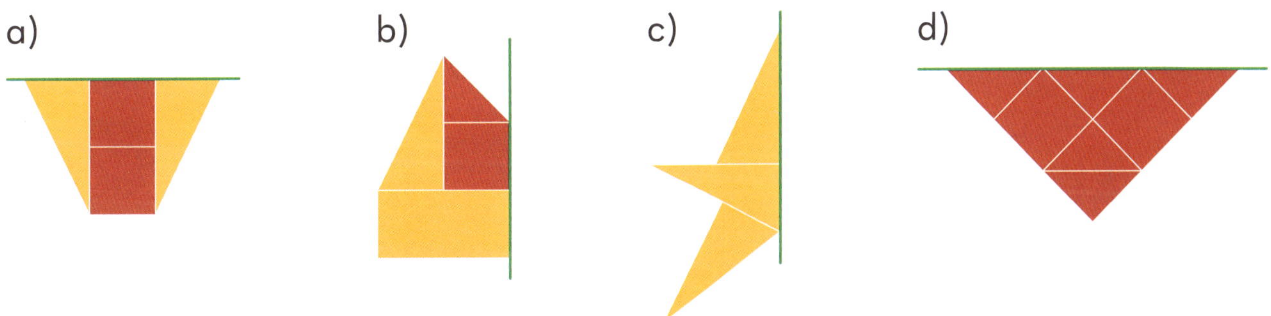

6 Experimentiere mit dem Spiegel. Wie entstehen diese Bilder?

Addieren mit Zehnerübergang

1

37 + 25 =
37 + 20 = 57
57 + 5 =

2 Lege und rechne.

54 + 27 =	38 + 43 =	27 + 36 =	49 + 14 =
54 + 20 =	38 + 40 =	27 + 30 =	49 + 10 =
+ 7 =	+ 3 =	+ 6 =	+ 4 =

3 Lege und rechne im Heft.

a)	b)	c)	d)
26 + 15	36 + 25	38 + 27	36 + 59
48 + 26	45 + 37	67 + 25	29 + 43
78 + 14	72 + 19	38 + 53	57 + 18
37 + 25	27 + 56	27 + 27	43 + 28

41 54 61 62 65
71 72 74 75 82
83 86 91 91 92
92 95

4 Erklärt, wie Anna rechnet.

47 + 28 = 75
40 + 20 = 60
7 + 8 = 15

5 Rechne wie Anna in deinem Heft.

a)	b)
44 + 28	36 + 39
53 + 28	29 + 26
79 + 15	49 + 37
66 + 26	44 + 39

6

a) 26 | 15 | 29

b) 37 | 13 | 28

c) 23 | 19 | 34

7 Ein Summand ist 28. Der andere Summand ist der Vorgänger von 50. Berechne die Summe.

1: Aufgaben mit Legematerial und der Strich-Punkt-Darstellung erarbeiten
2: Aufgaben legen oder zeichnen und rechnen
3: Beide Summanden erst zerlegen und dann addieren.

APP

AH S. 57
ÜH S. 45

7 Löse die besonderen Aufgaben.

a)		b)		c)	
37 + 8 = ___		24 + 37 = ___		34 + 28 = ___	
37 + 18 = ___		24 + 47 = ___		44 + 28 = ___	
37 + 28 = ___		___ + 57 = ___		54 + ___ = ___	
___ + 38 = ___		___ + ___ = ___		___ + ___ = ___	

8 Finde passende Additionsaufgaben. Schreibe sie in dein Heft.

1. Summand: 34, 56, 28, 49, 24

2. Summand: 37, 59, 27, 48, 36

Summe: 83, 85, 61, 93, 76

9 Erklärt, wie Max rechnet.

23 + 14 + 7 = ___

23 + 7 = 30

30 + 14 = ___

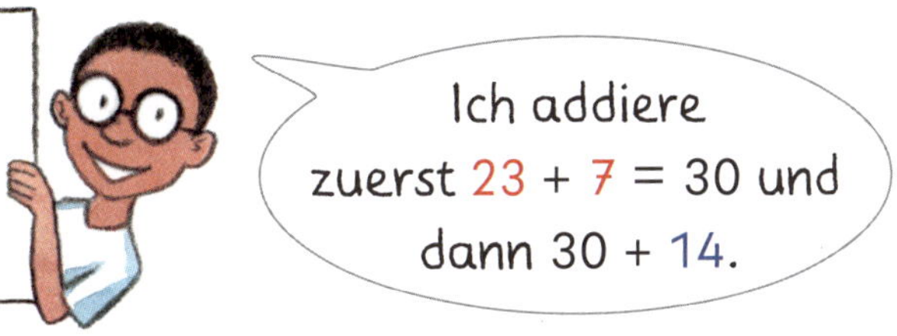

10 Wie rechnest du? Schreibe ins Heft.

a)	b)	c)	d)
23 + 7 + 12	26 + 50 + 4	38 + 12 + 44	57 + 18 + 23
44 + 15 + 6	20 + 24 + 6	26 + 15 + 34	35 + 25 + 19
67 + 8 + 22	31 + 45 + 9	42 + 25 + 18	36 + 24 + 37
16 + 16 + 4	22 + 8 + 35	14 + 27 + 26	35 + 23 + 37

36 42 50 65 65 67 75 79 80 85 85 94 95 97 97 98

11 Am Sportfest nehmen 38 Kinder aus den 1. Klassen und 47 Kinder aus den 2. Klassen teil.

? Wie viele Kinder nehmen insgesamt teil?

= ___

___

Subtrahieren mit Zehnerübergang

1

43 – 28 =

43 – 20 = 23

23 – 8 =

2 Lege und rechne.

47 – 18 =	93 – 35 =	44 – 27 =	61 – 13 =
47 – 10 =	93 – 30 =	44 – 20 =	61 – 10 =
– 8 =	– 5 =	– 7 =	– 3 =

3 Lege und rechne im Heft.

a)	b)	c)	d)
56 – 27	54 – 16	53 – 37	84 – 26
88 – 19	76 – 38	64 – 45	71 – 32
83 – 36	81 – 15	72 – 27	95 – 38
95 – 27	47 – 28	36 – 18	83 – 28

16 18 19 19
29 38 38 39
45 47 55 57
58 66 68 69

4

a)

	91	
54		
25		

b)

	72	
39	14	

c)

	98	
36		
		48

5 Rechne im Heft. Kontrolliere mit der Umkehraufgabe.

a)	b)	c)
75 – 46	88 – 29	68 – 29
38 – 19	92 – 35	63 – 54
53 – 26	78 – 59	87 – 58
71 – 37	64 – 34	74 – 37

6 Bilde Aufgabenfamilien. Schreibe sie ins Heft.

a) 47 ◯ 93

b) ◯ 59 85

c) 86 38 ◯

1: Aufgaben mit Legematerial und der Strich-Punkt-Darstellung erarbeiten
2: Aufgaben legen oder zeichnen und rechnen
3: Beide Summanden erst zerlegen und dann addieren.

APP

AH S. 58
ÜH S. 46

7

a) 93 $\xrightarrow{-26}$ ☐
77 $\xrightarrow{-38}$ ☐
91 $\xrightarrow{-24}$ ☐

b) 72 $\xrightarrow{-58}$ ☐
94 $\xrightarrow{-45}$ ☐
84 $\xrightarrow{-26}$ ☐

c) 41 $\xrightarrow{-☐}$ 26
76 $\xrightarrow{-☐}$ 39
93 $\xrightarrow{-☐}$ 54

d) ☐ $\xrightarrow{-16}$ 38
☐ $\xrightarrow{-25}$ 67
☐ $\xrightarrow{-43}$ 39

14 15 37 39 39 49 54 58 67 67 82 92

8

a) Immer 3 Aufgaben haben das gleiche Ergebnis.
Male sie mit der gleichen Farbe an.

b) Kontrolliere mit einem anderen Kind.

					73 – 25
				64 – 29	77 – 29
26 – 18	33 – 25	93 – 54	85 – 46	54 – 27	91 – 56
64 – 56	66 – 39	84 – 49	83 – 35	62 – 23	81 – 54

9 Erklärt, wie Lisa rechnet.

84 – 26 – 4 = ☐

84 – 4 = 80
80 – 26 = ☐

Ich subtrahiere zuerst 84 – 4 = 80 und dann 80 – 26.

10 Wie rechnest du? Schreibe ins Heft.

a)	b)	c)	d)
92 – 2 – 35	78 – 29 – 8	83 – 29 – 13	86 – 18 – 26
83 – 25 – 3	93 – 26 – 3	65 – 31 – 25	73 – 25 – 23
76 – 27 – 6	54 – 4 – 31	55 – 19 – 15	92 – 32 – 26
97 – 38 – 7	89 – 23 – 9	44 – 12 – 24	91 – 16 – 41

11

Addieren und Subtrahieren mit Zehnerübergang

1 a) 26 + 39 =
44 + 17 =
38 + 46 =
22 + 19 =

b) 45 + 37 =
22 + 49 =
67 + 25 =
16 + 25 =

c) 82 − 46 =
71 − 25 =
44 − 19 =
76 − 28 =

d) 77 − 48 =
54 − 26 =
98 − 38 =
91 − 56 =

e) 33 − 16 =
88 − 19 =
76 − 38 =
36 − 17 =

17 19 25 28 29 35 36
38 41 41 46 48 60 61
65 69 71 82 84 92

2 25 + 53 | 49 + 29 | 85 − 28 | 26 + 52 | 29 + 14 | 81 − 38

100 − 37 | 78 | 43 | 57 | 63 | 100 − 22

26 + 31 | 39 + 39 | 39 + 24 | 87 − 44 | 18 + 39 | 92 − 29

3 Wie geht es weiter? Finde die Regel.

a)
13 25 37 ☐ ☐ ☐ ☐ 97 — Immer ☐ mehr.
9 27 ☐ ☐ ☐ 99 — Immer ☐ mehr.
11 25 ☐ ☐ ☐ ☐ 95 — Immer ☐ mehr.

b)
92 76 60 ☐ ☐ 12 — Immer ☐ weniger.
100 87 ☐ ☐ ☐ ☐ ☐ 9 — Immer ☐ weniger.
93 81 ☐ ☐ ☐ ☐ ☐ 9 — Immer ☐ weniger.

c) Finde eigene Reihen.

4 Max

Wenn du zu meiner Zahl 54 addierst, erhältst du 93. Wie heißt meine Zahl?

Klara

Wenn du von meiner Zahl 57 subtrahierst, erhältst du 36. Wie heißt meine Zahl?

3 c): Differenzierung: Regel zur eigenen Zahlenfolge finden

APP
AH S. 59 bis 61
ÜH S. 47

5 a) 12 + 8 + 27 = ☐ b) 93 − 3 − 16 = ☐ c) 36 + 18 + 44 = ☐

44 + 25 + 6 = ☐ 87 − 25 − 7 = ☐ 54 + 26 + 13 = ☐

28 + 43 + 12 = ☐ 78 − 18 − 41 = ☐ 89 − 19 − 66 = ☐

36 + 13 + 24 = ☐ 66 − 25 − 16 = ☐ 73 − 24 − 23 = ☐

4 19 25 26 47 55 73 74 75 83 93 98

Rechenvorteile nutzen

6 Bilde Aufgabenfamilien. Schreibe sie in dein Heft.

a) 25 38 63 b) 44 35 ◯ c) 54 ◯ ◯

d) 39 ◯ 72 e) ◯ 54 92 f) ◯ ◯ 85

7 a) 36 + ☐ = 72 b) 83 − ☐ = 39 c) ☐ + 25 = 63

44 + ☐ = 81 92 − ☐ = 76 ☐ + 37 = 72

29 + ☐ = 52 54 − ☐ = 27 ☐ − 54 = 17

18 + ☐ = 76 66 − ☐ = 19 ☐ − 49 = 22

16 23 27
35 36 37
38 44 47
58 71 71

8

Kinder der Sonnenschule				
Klasse	a	b	c	Summe
1	23	21	24	
2	19		20	57
3		18	19	56
4	16	19	18	

a) Wie viele Kinder lernen in den 1. Klassen?
b) Wie viele Kinder lernen in der 2b?
c) Wie viele Kinder hat die 3a?
d) Wie viele Kinder lernen in den 4. Klassen?
e) Wie viele Jungen lernen in der Sonnenschule?

9

Lisa: Wenn du das Doppelte einer Zahl bildest, erhältst du 48.

Anna: Die Zahl ist um 24 größer als 38.

Leo: Die Zahl ist um 22 größer als das Doppelte von 14.

8: Bei Bedarf Aufgaben legen oder zeichnen
9: Thematisieren, dass bei Aufgabe e) keine Lösung mit den Informationen aus der Tabelle ermittelt werden kann

AH S. 59 bis 61
ÜH S. 47

Addieren und Subtrahieren mit Zehnerübergang

1

a) 51

37 + ___
33 + ___
___ + 5
25 + ___

b)

24 + ___
___ + 42
59 + 32
11 + ___

c) 36

91 − ___
55 − ___
___ − 1
___ − 27

d)

71 − 56
84 − ___
___ − 17
___ − 42

2 Löse die Aufgaben.
Finde das Lösungswort.

38	85	44	33	81	9	95	55
G	E	S	L	N	A	U	H

a) 39 + 16 = ___ __
66 + 29 = ___ __
19 + 36 = ___ __
53 + 28 = ___ __

b) 84 − 46 = ___ __
87 − 78 = ___ __
100 − 19 = ___ __
70 − 26 = ___ __

c) 26 + 59 = ___ __
62 − 18 = ___ __
37 + 48 = ___ __
72 − 39 = ___ __

3

a) 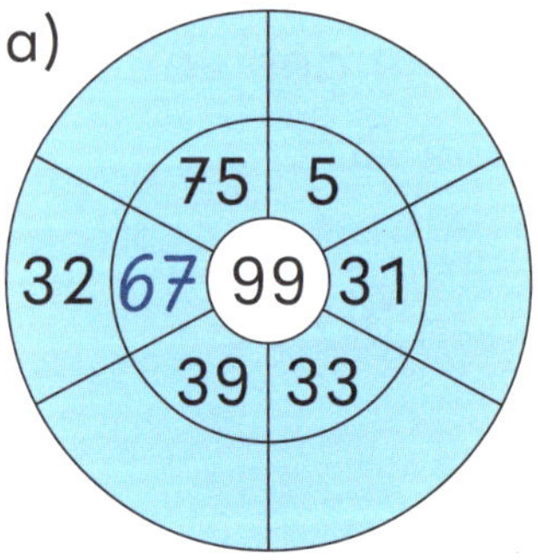

b) 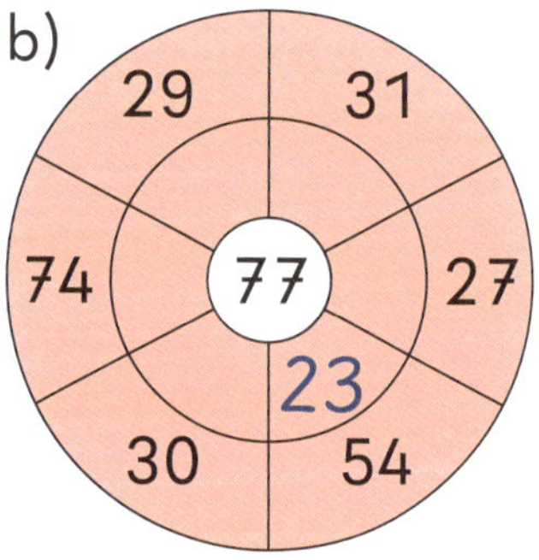

c) 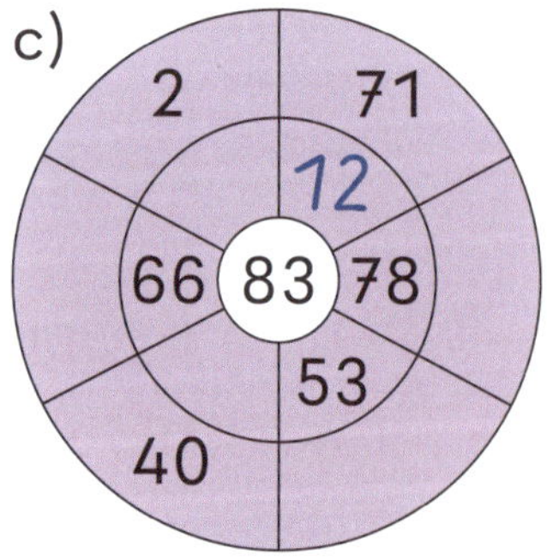

4 Finde eine passende Aufgabe.

15	35	63	48

___ + ___ = 83

38	28	56	76

___ − ___ = 38

22	81	48	44

___ + ___ = 92

51	100	41	89

___ − ___ = 49

56	44	65	18

___ + ___ = 74

21	89	79	58

___ − ___ = 68

1: Aufgaben mithilfe von Tausch- und Umkehraufgaben lösen
4: Passende Zahlen zur Aufgabe herausfinden; Thematisieren, dass nicht alle Aufgaben gerechnet werden müssen

APP

AH S. 59 bis 61
ÜH S. 47

5 Setze das richtige Zeichen ein: <, >, =.

a) 26 + 35 ◯ 51
19 + 27 ◯ 64
19 + 58 ◯ 77
48 + 32 ◯ 80

b) 77 – 55 ◯ 33
63 – 29 ◯ 35
82 – 35 ◯ 47
91 – 52 ◯ 38

c) 65 ◯ 23 + 45
56 ◯ 81 – 35
37 ◯ 74 – 47
84 ◯ 36 + 48

6 a)

+	29	28	17	
15				54
49				

b)

–	17	25	36	
84				36
62				

14 26 32 37
39 43 44 45
48 48 59 66
67 77 78 88

7

Oben: 14, unten links: 45, unten rechts: 25; Kästchen: 59, ☐, ☐

Oben: 34, unten links: 49, unten rechts: 10; Kästchen: ☐, ☐, ☐

Oben: 39, unten links: 46, unten rechts: 25; Kästchen: ☐, ☐, ☐

Oben: 37, unten links: 18, unten rechts: 43; Kästchen: ☐, ☐, ☐

Oben: 32; Kästchen: links 51, rechts ☐, unten 39

Oben: 13; Kästchen: links ☐, rechts 43, unten 76

Oben: 45; Kästchen: links 96, rechts ☐, unten 62

Unten rechts: 17; Kästchen: links ☐, rechts 62, unten 26

9 11 19 20 30 39 44 45 46 51 52 54 55 56 59 59 61 64 70 71 80 83 85

8 Finde jeweils eine Frage, Rechnung und Antwort.
Schreibe sie in dein Heft.

a) Oma schenkt Lisa zum Geburtstag 25 €.
Sie hat schon 29 € gespart.

b) Lisa möchte sich Inlineskates für 82 € kaufen.

c) Ihre Eltern kaufen ihr einen Helm für 28 € und Schützer für 16 €. Sie bezahlen mit einem 50 €-Schein.

7: Benachbarte Zahlen im Dreieck addieren; bei Aufgabe b) fehlende Zahlen über Tausch- und Umkehraufgaben finden
8: Über eigenes Kaufverhalten reflektieren

APP AH S. 59 bis 61 ÜH S. 47

BIST DU FIT?

1

a) 24 + 38 =
16 + 66 =
58 + 25 =
29 + 67 =

b) 42 − 17 =
64 − 18 =
71 − 12 =
85 − 68 =

c) 48 + ☐ = 93
29 + ☐ = 46
82 − ☐ = 19
74 − ☐ = 38

2

a) 56 35 ☐

b) 28 ☐ 93

c) ☐ 36 82

3

a) 43 + 23 + 7 =
37 + 3 + 47 =
8 + 28 + 32 =
18 + 24 + 6 =

b) 53 − 24 − 3 =
75 − 5 − 35 =
96 − 24 − 6 =
87 − 27 − 28 =

4

5 Im Bücherregal stehen 82 Bücher. Davon werden 19 Sachbücher und 24 Comics ausgeliehen.

a) Wie viele Bücher werden insgesamt ausgeliehen?

b) Wie viele Bücher sind noch im Regal?

6

a)

	☐	
	☐ ☐	
35	18	28

b)

	68	
	30 ☐	
☐	19	19

Aufgaben als Rückmeldung über den Leistungsstand nutzen
KV 1 (HRU) nutzen

APP

Freunde-Spiel

Ihr braucht einen Würfel und Spielfiguren.
Würfle, rücke vor und löse die Aufgabe.
Ein anderes Kind kontrolliert. Hast du richtig gerechnet, darfst du einen Schritt vorrücken.

Mit Spielfigur vorrücken, auf den Leiterfeldern darf entsprechend gerutscht werden
KV 14 (HRU) nutzen, um Aufgaben im Schwierigkeitsgrad anzupassen

Uhrzeit

1 Wo hast du solche oder ähnliche Uhren schon gesehen?

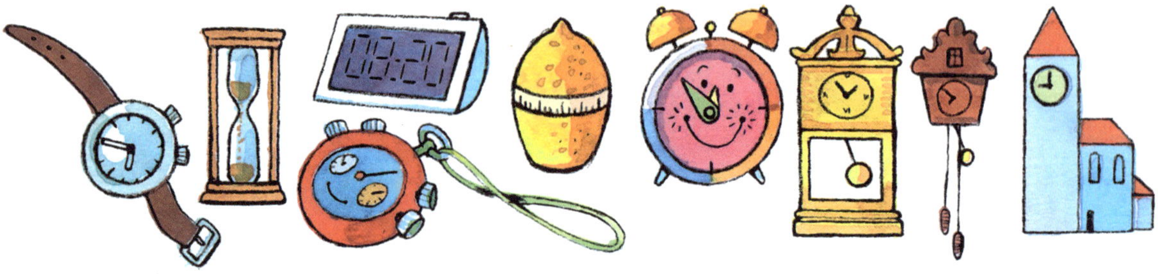

2 Warum ist es wichtig, Zeiten richtig ablesen zu können?
Nenne Beispiele.

3 Schreibe folgende Zeitangaben in der richtigen Reihenfolge auf.

nachts	vormittags	morgens	abends	mittags	nachmittags

4

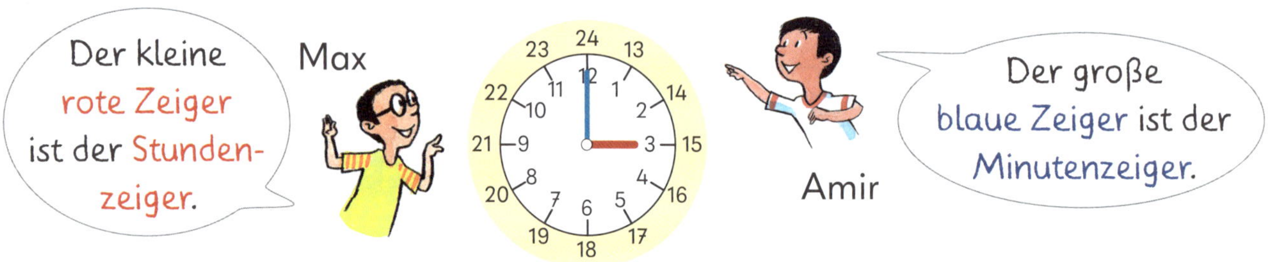

ERINNERE DICH

Ein Tag hat 24 Stunden.
Er beginnt um 0 Uhr
und endet 24 Uhr.

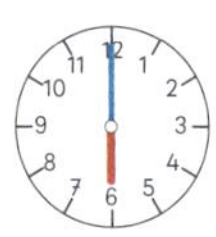

6 Uhr

+ 12 Stunden →
← – 12 Stunden

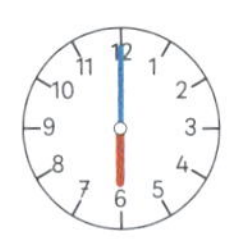

18 Uhr

5 Wie spät ist es? Gib immer die Vormittagszeit und die Nachmittagszeit an.

a) 

Uhr
Uhr

b) 

Uhr
Uhr

c) 

Uhr
Uhr

d) 

Uhr
Uhr

e) 

Uhr
Uhr

3: Tagesablauf der Kinder besprechen
4: Wiederholung Aufbau der Uhr, Vor- und Nachmittagszeiten unterscheiden, dabei Uhrmodell (Beilage) verwenden

APP

AH S. 62

6

MERKE DIR

Der Minutenzeiger benötigt von einem Teilstrich zum nächsten genau fünf Minuten.

Eine Stunde hat 60 Minuten.
1 h = 60 min

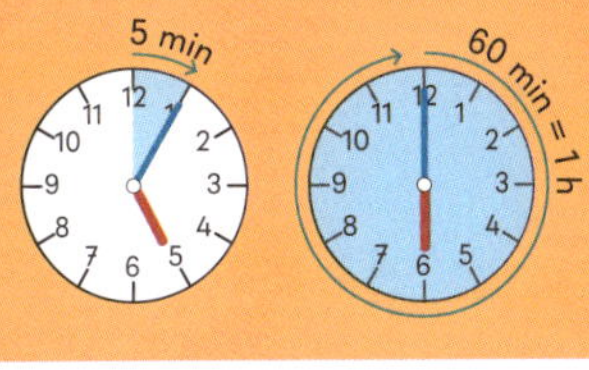

7 Auf welcher Zahl steht der Minutenzeiger?

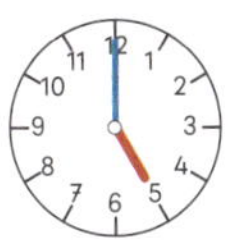

a) nach 10 min b) nach 20 min c) nach 50 min
d) nach 35 min e) nach 45 min f) nach 15 min

8 Wie spät ist es? Gib jeweils die Vormittagszeit und die Nachmittagszeit an.

a) 
__ : __ Uhr
__ : __ Uhr

b) 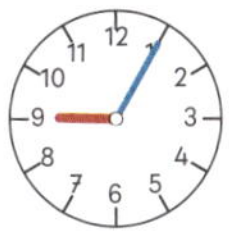
__ : __ Uhr
__ : __ Uhr

c) 
__ : __ Uhr
__ : __ Uhr

d) 
__ : __ Uhr
__ : __ Uhr

f) 
__ : __ Uhr
__ : __ Uhr

g) 
__ : __ Uhr
__ : __ Uhr

h) 
__ : __ Uhr
__ : __ Uhr

i) 
__ : __ Uhr
__ : __ Uhr

9 Stelle die Uhrzeiten auf deiner Lernuhr ein. Ein anderes Kind kontrolliert.

a) 12:05 Uhr
12:30 Uhr

b) 17:15 Uhr
13:45 Uhr

c) 9:40 Uhr
21:25 Uhr

d) 0:05 Uhr
16:55 Uhr

10 Nenne eine Uhrzeit. Ein anderes Kind stellt sie ein, du kontrollierst. Wechselt dann.

6: Zeitangaben in 5-Minuten-Genauigkeit einführen
7: Minutenzeiger auf Uhrmodell (Beilage) einstellen

Uhrzeit

1

  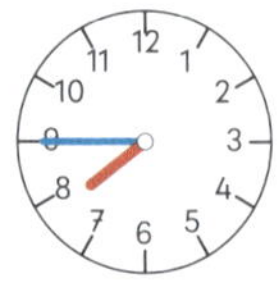

Es ist viertel 8. | Es ist halb 8. | Es ist dreiviertel 8.

Eine Viertelstunde sind 15 Minuten.

Eine halbe Stunde sind 30 Minuten.

Eine Dreiviertelstunde sind 45 Minuten.

2 Wie spät ist es?
Gib die Uhrzeiten in unterschiedlichen Sprechweisen an.

a) 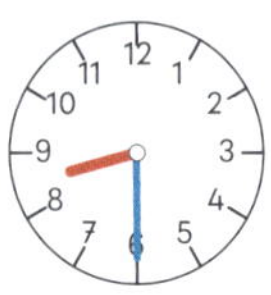 b)  c)  d)  e) 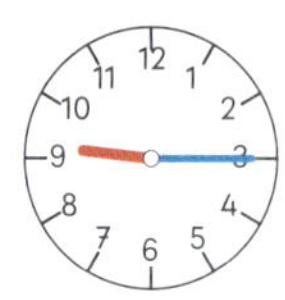

3 Stelle folgende Uhrzeiten auf deiner Lernuhr ein.
Ein anderes Kind kontrolliert.

a) 6:15 Uhr   9:30 Uhr   20:45 Uhr   0:30 Uhr   18:45 Uhr

b) halb 9   viertel 6   dreiviertel 12   halb 2   viertel 10   dreiviertel 5

4 Nenne eine Uhrzeit. Ein anderes Kind stellt sie ein, du kontrollierst.
Wechselt dann.

5 Wie gibt man Uhrzeiten in anderen Regionen an?

1: Situation besprechen, Viertelstunde (15 min), halbe Stunde (30 min) und Dreiviertelstunde (45 min) einführen, auf unterschiedliche (auch regionale) Sprechweisen eingehen
2 bis 4: Uhrzeiten am Uhrmodell (Beilage) einstellen, verschiedene Sprechweisen beim Ablesen einbeziehen

AH S. 63
ÜH S. 48

Zeitpunkt und Zeitdauer

1 Wie viele Minuten dauern folgende Tätigkeiten ungefähr?
Schätze zuerst. Miss dann die Zeit.

a) Singe ein Lied.
b) Schreibe die Vornamen deiner Klassenkameraden auf.
c) Zähle von 0 bis 100.
d) Wasche dir die Hände.
e) Denke dir weitere Tätigkeiten aus.

2 Wie lange dauert es?

a) eine Unterrichtsstunde ____
b) die Frühstückspause ____
c) eine Hofpause ____
d) deine Lieblingsserie ____
e) dein Schulweg ____
f) deine Schlafenszeit ____

3 a) Wie lange hat die Bibliothek jeden Vormittag geöffnet?
b) Wie lange hat sie nachmittags geöffnet?
c) Wie viele Stunden hat die Bibliothek am Mittwoch geöffnet?
d) Wie viele Stunden hat sie in einer Woche geöffnet?

4 Ergänze zur nächsten vollen Stunde.
Nutze deine Lernuhr.

a) 8:30 Uhr —(+ 30 min)→ 9:00 Uhr
b) 18:45 Uhr —(+ __ min)→ 19:00 Uhr
c) 11:40 Uhr —(+ __ min)→ __:00 Uhr
d) 6:50 Uhr —(+ __ min)→ 7:00 Uhr
e) 20:10 Uhr —(+ __ min)→ 21:00 Uhr
f) 8:15 Uhr —(+ __ min)→ __:00 Uhr

5 Jetzt ist es 19:15 Uhr. Amir geht um 20:00 Uhr schlafen.

1: Schätzen und Messen von Zeitspannen an vielfältigen Beispielen
2: Konkreten Zeitspannen aus dem Alltag zuordnen
5: Sachaufgabe mithilfe der didaktischen Schrittfolge beantworten, Uhrmodell als Lösungshilfe nutzen

APP

AH S. 64
ÜH S. 49

Zeitangaben in Sachaufgaben

1

Schulfest

Samstag von 10:00 Uhr bis 18:00 Uhr

10:00 Uhr bis 12:00 Uhr	Lustige Olympiade
12:00 Uhr bis 13:00 Uhr	Zaubershow „Hokus Pokus“
13:30 Uhr bis 14:00 Uhr	Bingo
15:15 Uhr bis 16:00 Uhr	Tombola
16:00 Uhr bis 18:00 Uhr	Gocart- Rennen
10:00 Uhr bis 17:00 Uhr	Bastelstraße

a) Wann beginnt das Schulfest? ___ : ___ Uhr

b) Wie lange dauert das Schulfest? ___ Stunden

c) Wann endet die Lustige Olympiade? ___ : ___ Uhr

d) Wie lange dauert die Tombola? ___ Minuten

e) Wie lange können die Kinder basteln? ___ Stunden

f) Stellt euch weitere Fragen zum Schulfest.

2 Beantworte die Fragen im Heft.

a) An welchen Tagen findet keine Vorstellung statt?
b) Wie lange dauert eine Vorstellung?
c) Wie viel bezahlen 2 Erwachsene und 2 Kinder?
d) Eine halbe Stunde vor Vorstellungsbeginn wird das Zelt geöffnet. Wann wird es am Samstag geöffnet?

Sekunden

1

MERKE DIR

Der Sekundenzeiger dreht sich in einer Minute einmal um das ganze Zifferblatt.

1 Minute hat 60 Sekunden.
1 min = 60 s

2 Wie viele Sekunden sind seit 12:00 Uhr vergangen?

a)  ☐☐ s

b) 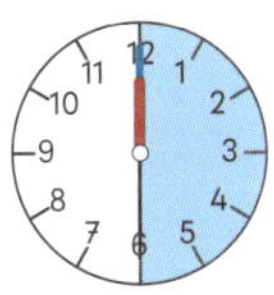 ☐☐ s

c) 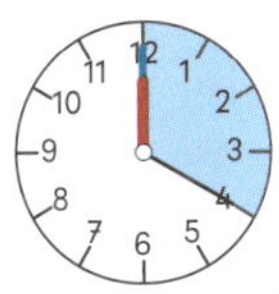 ☐☐ s

d)  ☐☐ s

e)  ☐☐ s

3 Wie viele Sekunden brauchst du für folgende Tätigkeiten?
Schätze zuerst. Miss dann die Zeit.

a) Schreibe deinen Namen.
b) Zähle von 1 bis 20.
c) Mache 10 Kniebeugen.
d) Sage die Malfolge der 5 auf.
e) Laufe zum Fenster.
f) Denke dir weitere Tätigkeiten aus.

1: Sekunde einführen und an verschiedenen Uhren ablesen
3: Tätigkeiten ausführen, Zeitspannen schätzen und mit geeigneten Uhren messen

Multiplizieren mit 4

1 Wie viele Räder haben die Autos?

4 + ＿ + ＿ + ＿ + ＿ = ＿

＿ · ＿ = ＿

2 Zeige am Punktefeld.
Schreibe die Plusaufgabe und die Malaufgabe in dein Heft.

a) 2 · 4 b) 5 · 4 c) 3 · 4 d) 6 · 4

3 Rechne Aufgabe und Tauschaufgabe.

a)	b)	c)	d)
4 · 1 =	4 · 2 =	4 · 5 =	4 · 10 =
1 · 4 =	· =	· =	· =

4 Schreibe die Malfolge der 4 auf.
Markiere die Kernaufgaben.

0 · 4 = 0	6 · 4 =
1 · 4 = 4	7 · 4 =
2 · 4 =	8 · 4 =
3 · 4 =	9 · 4 =
4 · 4 =	10 · 4 =
5 · 4 =	

5 Finde die Nachbaraufgaben.

a) 1 · 4 =
2 · 4 =
· 4 =

b) · 4 =
3 · 4 =
· 4 =

c) · 4 =
5 · 4 =
· 4 =

6 Verdopple und rechne.

a)	b)	c)	d)
1 · 4 =	2 · 4 =	3 · 4 =	5 · 4 =
2 · 4 =	· 4 =	· 4 =	· 4 =

7

a)	b)	c)	d)
· 4 = 16	· 4 = 24	· 4 = 8	· 4 = 36
· 4 = 12	· 4 = 40	· 4 = 20	· 4 = 32

1: Situation besprechen, Zusammenhang zwischen Addition und Multiplikation wiederholen, dazu Punktefeld und Abdeckwinkel (Beilage) verwenden 3 und 4: Kernaufgaben und ihre Bedeutung zum Lösen schwieriger Aufgaben wiederholen 1 · 1-Tafel KV 9 (HRU) nutzen

APP

AH S. 66
ÜH S. 52

Dividieren durch 4

1 Für wie viele Autos reichen die Räder?

12 : 4 =

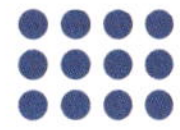

· 4 = 12

2 Wie viele Türme werden es?
Löse mit der Umkehraufgabe.

immer

a) 32 Steine
32 : 4 =
· 4 =

b) 24 Steine
: =
· =

c) 20 Steine
: =
· =

d) 28 Steine
: =
· =

3
a) 4 : 4 =
8 : 4 =
12 : 4 =
16 : 4 =
20 : 4 =

b) 24 : 4 =
28 : 4 =
32 : 4 =
36 : 4 =
40 : 4 =

4
a) 4 : 4 =
20 : 4 =
28 : 4 =
12 : 4 =
8 : 4 =

b) 24 : 4 =
16 : 4 =
40 : 4 =
36 : 4 =
32 : 4 =

5
a) 16 : 2 =
16 : 4 =

b) 8 : 2 =
8 : 4 =

c) 20 : 2 =
20 : 4 =

d) 12 : 2 =
12 : 4 =

6 In der Klasse 2b sind 24 Kinder.
Sie sollen in Gruppen zu je 4 Kinder eingeteilt werden. Wie viele Gruppen werden es?

7 Max verteilt 36 Sticker gleichmäßig an 4 Kinder.
Wie viele Sticker bekommt jedes Kind?

1: Situation besprechen, Multiplikation mit 2 (Umkehraufgabe) zum Lösen der Division nutzen
5: Aufgaben bei Bedarf nachlegen: Verdoppelt sich der Divisor, wird der Quotient halb so groß.
6 und 7: Sachverhalte Divisionsgleichungen zuordnen

APP AH S. 66 ÜH S. 53

Multiplizieren mit 8

1 Wie viele Zimtschnecken sind es?

2 · 4 =

2 · 8 =

2 Verdopple und rechne.

a) 10 · 4 =
10 · 8 =

b) 4 · 4 =
· 8 =

c) 3 · 4 =
· =

d) 6 · 4 =
· =

3 Schreibe die Malfolge der 8 in dein Heft. Markiere die Kernaufgaben.

4 Finde die Nachbaraufgaben.

a) 2 · 8 =
3 · 8 =
· 8 =

b) · 8 =
5 · 8 =
· 8 =

c) · 8 =
7 · 8 =
· 8 =

d) · 8 =
10 · 8 =

5 Rechne Aufgabe und Tauschaufgabe.

a) 8 · 2 =
: =
8 · 0 =
: =
8 · 1 =
: =

b) 8 · 10 =
: =
8 · 5 =
: =
8 · 4 =
: =

6 Wie viele Beine haben die Spinnen?

a) 3 Spinnen
· =

b) 8 Spinnen
· =

c) 6 Spinnen
· =

7

a) · 8 = 16
· 8 = 56

b) · 8 = 48
· 8 = 72

c) · 8 = 40
· 8 = 32

d) · 8 = 80
· 8 = 64

8

a) Der 1. Faktor ist 6. der 2. Faktor ist 8.
Berechne das Produkt.

b) Der 2. Faktor ist 8. Das Produkt ist 72.
Berechne den 1. Faktor.

Faktor — Faktor — Produkt

1: Situation besprechen, Zusammenhang zwischen Addition und Multiplikation wiederholen, dazu Punktefeld und Abdeckwinkel (Beilage) verwenden 3 und 4: Kernaufgaben und ihre Bedeutung zum Lösen schwieriger Aufgaben wiederholen 1 · 1-Tafel KV 9 (HRU) nutzen

APP

AH S. 67
ÜH S. 54

Dividieren durch 8

1 Es sind 24 Kekse. Wie viele Teller braucht Anna?

24 : 8 = ☐
☐ · 8 = 24

2 Löse mit der Umkehraufgabe.

a) 16 : 8 = ☐
☐ · ☐ = ☐

8 : 8 = ☐
☐ · ☐ = ☐

b) 56 : 8 = ☐
☐ · ☐ = ☐

48 : 8 = ☐
☐ · ☐ = ☐

c) 72 : 8 = ☐
☐ · ☐ = ☐

64 : 8 = ☐
☐ · ☐ = ☐

3 Bilde Aufgabenfamilien. Schreibe sie in dein Heft.

a) 8 7 ◯

b) 8 ◯ 72

c) 32 8 ◯

d) 3 8 ◯

e) 8 48 ◯

f) 8 ◯ 40

4

a) Markiere die Zahlen, die du durch 8 teilen kannst, mit einem blauen Punkt.

b) Markiere die Zahlen, die du durch 4 teilen kannst, mit einem roten Punkt.

c) Welche Zahlen kannst du durch 4 und 8 teilen?

5 In der Gondel eines Riesenrades können 8 Personen sitzen.
Wie viele Gondeln werden voll besetzt?

a) 48 Personen

b) 72 Personen

c) 56 Personen

1: Situation nachspielen und Multiplikation zum Lösen nutzen
3: Aufgabenbeziehungen wiederholen, Tauschaufgaben und Umkehraufgaben benennen und nutzen
4: Teilbarkeit der Zahlen durch 4 und 8 überprüfen, zum Lösen Multiplikation anwenden

APP

AH S. 67
ÜH S. 55

Multiplizieren und Dividieren

1

a) 7 · 2 =
3 · 8 =
5 · 4 =
6 · 2 =
6 · 5 =

b) 7 · 4 =
9 · 2 =
10 · 8 =
7 · 8 =
5 · 5 =

c) 80 : 10 =
18 : 2 =
20 : 5 =
16 : 4 =
24 : 8 =

d) 30 : 5 =
28 : 4 =
12 : 2 =
64 : 8 =
14 : 2 =

3 4 4 6 6 7 7 8 8 9 12 14 18 20 24 25 28 30 56 80

2 Schreibe die Aufgaben ins Heft und löse sie.

a) 

b) 

c) 

1 3 3 4 5 6 6 7 7 8 9 9 24 40 48 56 72 80

3

a) 4 · 2 =
4 · 4 =
4 · 8 =

b) 6 · 2 =
6 · 4 =
6 · 8 =

c) 16 : 2 =
16 : 4 =
16 : 8 =

d) 8 : 2 =
8 : 4 =
8 : 8 =

4 Richtig *r* oder *f* falsch? Berichtige die Fehler.

a) 3 · 8 = 22 *f*
7 · 4 = 28
6 · 5 = 40
4 · 4 = 16

b) 45 : 5 = 8
16 : 2 = 8
32 : 4 = 9
72 : 8 = 9

c) 8 · 8 = 48
7 · 2 = 14
50 : 10 = 5
48 : 8 = 6

5

a) Berechne das Produkt aus 7 und 8.

b) Der 1. Faktor ist 8, der 2. Faktor ist 6.
Berechne das Produkt.

c) Der Dividend ist 48. Der Divisor ist 8.
Berechne den Quotienten.

Dividend — Divisor — Quotient

1 und 2: Aufgaben handelnd lösen oder Strategien zur Lösung anwenden
3: Verdopplung bzw. Halbierung der Ergebnisse erkennen

APP

AH S. 68
ÜH S. 56

6 a)

·	3	1	9	6	8
2					
5					

b)

·	4	7		0	
4			32		
8					48

7 Wie geht es weiter?

a)
2 : 2 =
4 : 2 =
6 : ___ =
___ : ___ =

b)
0 : 4 =
4 : 4 =
8 : ___ =
___ : ___ =

c)
24 : 8 =
32 : 8 =
40 : ___ =
___ : ___ =

d)
15 : 5 =
20 : 5 =
25 : ___ =
___ : ___ =

8

a) 3 · ___ = 15
7 · ___ = 56

b) 9 · ___ = 36
8 · ___ = 64

c) ___ · 4 = 16
___ · 5 = 30

d) ___ · 8 = 48
___ · 8 = 40

9

a)
___ : 8 = 9
___ : 8 = 4
___ : 8 = 7
___ : 8 = 3

b)
___ : 4 = 8
___ : 4 = 5
___ : 4 = 6
___ : 4 = 10

10 Klara verteilt 40 Bonbons gleichmäßig.
Wie viele Bonbons bekommt jedes Kind?

a) 4 Kinder 40 : 4 =
b) 5 Kinder
c) 8 Kinder

11 Wie teuer sind die Farbkästen?

a) 7 Farbkästen
b) 5 Farbkästen
c) 9 Farbkästen

11: Sachverhalt bei Bedarf mit Rechengeld (Beilage) legen

Multiplizieren mit 3

1 Wie viele Kugeln Eis sind es?

a) 

$2 \cdot 3 =$

b) 

$4 \cdot 3 =$

c) 

$\cdot \quad =$

2 Rechne Aufgabe und Tauschaufgabe.

a) $3 \cdot 2 =$ $\quad 3 \cdot 8 =$ $\quad 3 \cdot 1 =$

$\cdot \quad =$ $\quad \cdot \quad =$ $\quad \cdot \quad =$

b) $3 \cdot 10 =$ $\quad 3 \cdot 4 =$ $\quad 3 \cdot 5 =$

$\cdot \quad =$ $\quad \cdot \quad =$ $\quad \cdot \quad =$

3 Schreibe die Malfolge der 3 in dein Heft. Markiere die Kernaufgaben.

4 Finde die Nachbaraufgaben.

a) $0 \cdot 3 =$ / $\boxed{1 \cdot 3} =$ / $\cdot 3 =$

b) $\cdot 3 =$ / $\boxed{4 \cdot 3} =$ / $\cdot 3 =$

c) $\cdot 3 =$ / $\boxed{7 \cdot 3} =$ / $\cdot 3 =$

d) $\cdot 3 =$ / $\boxed{10 \cdot 3} =$

5 Verdopple und rechne.

a) $1 \cdot 3 =$ / $2 \cdot 3 =$

b) $2 \cdot 3 =$ / $\cdot 3 =$

c) $5 \cdot 3 =$ / $\cdot \quad =$

d) $3 \cdot 3 =$ / $\cdot \quad =$

6 a) $\cdot 3 = 15$ / $\cdot 3 = 0$

b) $\cdot 3 = 12$ / $\cdot 3 = 21$

c) $\cdot 3 = 27$ / $\cdot 3 = 9$

d) $\cdot 3 = 24$ / $\cdot 3 = 18$

7 Wie viele Bälle sind in den Netzen?

a) 3 Netze

b) 8 Netze

c) 6 Netze

8 Ein Windrad hat 3 Flügel. Wie viel Flügel haben

a) 4 Windräder?

b) 7 Windräder?

c) 9 Windräder?

1: Situation besprechen und mit Punktefeld und Abdeckwinkel (Beilage) erarbeiten
2: Tauschaufgaben nutzen, um Malaufgaben mit 3 zu erarbeiten
1 · 1-Tafel KV 9 (HRU) nutzen

APP

AH S. 69
ÜH S. 57

Dividieren durch 3

1 Wie viele Windräder können gebaut werden?

a)

9 : 3 = ___

___ · 3 = 9

b)

15 : 3 = ___

___ · 3 = 15

2 Löse mit der Umkehraufgabe im Heft.

a)	b)	c)	d)	e)
3 : 3	15 : 3	12 : 3	6 : 3	9 : 3
18 : 3	24 : 3	30 : 3	21 : 3	27 : 3

3 Finde die Nachbaraufgaben.

a)	b)	c)	d)
3 : 3 = ___	___ : 3 = ___	___ : 3 = ___	___ : 3 = ___
6 : 3 = ___	15 : 3 = ___	27 : 3 = ___	21 : 3 = ___
___ : 3 = ___	___ : 3 = ___	___ : 3 = ___	___ : 3 = ___

4 Bilde Aufgabenfamilien. Schreibe sie in dein Heft.

a) ___ 3 21

b) 24 8 ___

c) 9 ___ 27

d) 3 15 ___

e) 3 ___ 0

f) ___ 18 6

5 Welche Zahlen kannst du durch 3 teilen? Finde das Lösungswort.

12	14	21	18	27	24	28	15	9
P	U	E	L	I	K	S	A	N

6

Wenn ich meine Zahl durch 3 dividiere, ist der Quotient 9.

Leo

Anna

Wenn ich meine Zahl mit 3 multipliziere, erhalte ich 21.

1: Situation besprechen und Multiplikation zum Lösen nutzen
3: Multiplikation zum Finden der Nachbaraufgaben nutzen

Multiplizieren mit 6

1 Wie viele Beine sind es?

a) 

$\cdot 6 =$

b) 

$\cdot 6 =$

c) 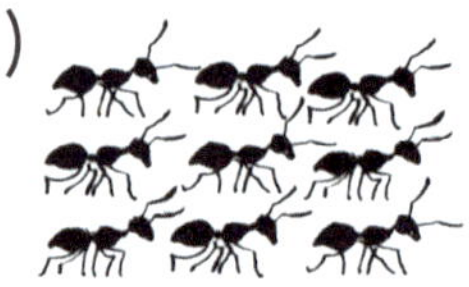

$\cdot 6 =$

2 Verdopple und rechne.

a) $2 \cdot 3 =$
$2 \cdot 6 =$

b) $5 \cdot 3 =$
$\cdot 6 =$

c) $3 \cdot 3 =$
$\cdot \quad =$

d) $6 \cdot 3 =$
$\cdot \quad =$

3 Schreibe die Malfolge der 6 in dein Heft.
Markiere die Kernaufgaben.

4 Finde die Nachbaraufgaben.

a) $6 \cdot 6 =$
$\boxed{7 \cdot 6} =$
$\cdot 6 =$

b) $\cdot 6 =$
$\boxed{4 \cdot 6} =$
$\cdot 6 =$

c) $\cdot 6 =$
$\boxed{8 \cdot 6} =$
$\cdot 6 =$

5 Richtig *r* oder *f* falsch? Berichtige die Fehler.

a) $5 \cdot 6 = 35$ *f*
$7 \cdot 6 = 42$
$2 \cdot 6 = 14$

b) $6 \cdot 6 = 36$
$4 \cdot 6 = 26$
$9 \cdot 6 = 54$

c) $8 \cdot 6 = 48$
$3 \cdot 6 = 16$
$4 \cdot 5 = 24$

6 a) $\cdot 6 = 24$
$\cdot 6 = 30$

b) $\cdot 6 = 42$
$\cdot 6 = 18$

c) $\cdot 6 = 54$
$\cdot 6 = 12$

d) $\cdot 6 = 48$
$\cdot 6 = 36$

7 Stellt euch gegenseitig Zahlenrätsel.

Ben: Ich multipliziere meine Zahl mit 6. Das Ergebnis ist 30.

Lisa: Das Ergebnis ist 42. Welche Malaufgabe passt?

1: Situation besprechen und mit Punktefeld und Abdeckwinkel (Beilage) erarbeiten
2: Verdoppelungen zur Erarbeitung der Malfolge mit 6 nutzen
1 · 1-Tafel KV 9 (HRU) nutzen

APP

AH S. 70
ÜH S. 59

Dividieren durch 6

1 Wie viele Netze werden gefüllt?

a)

12 : 6 = ☐

☐ · 6 = 12

b)

18 : 6 = ☐

☐ · 6 = 18

2 Löse mit der Umkehraufgabe.

a) 6 : 6 = ☐
☐ · ☐ = ☐☐

30 : 6 = ☐
☐ · ☐ = ☐☐

b) 42 : 6 = ☐
☐ · ☐ = ☐☐

24 : 6 = ☐
☐ · ☐ = ☐☐

c) 12 : 6 = ☐
☐ · ☐ = ☐☐

36 : 6 = ☐
☐ · ☐ = ☐☐

d) 54 : 6 = ☐
☐ · ☐ = ☐☐

48 : 6 = ☐
☐ · ☐ = ☐☐

3 Schreibe die Divisionsaufgaben der 6 in dein Heft.
Setze fort und löse.

0 : 6
6 : 6
☐ : 6

4 Finde die Nachbaraufgaben.

a) 6 : 6 = ☐
12 : 6 = ☐
☐☐ : 6 = ☐

b) ☐☐ : 6 = ☐
30 : 6 = ☐
☐☐ : 6 = ☐

c) ☐☐ : ☐ = ☐
54 : 6 = ☐
☐☐ : ☐ = ☐

d) ☐☐ : ☐ = ☐
42 : 6 = ☐
☐☐ : ☐ = ☐

5 12 – 22 – 18 – 27 – 32 – 30 – 21 – 15 – 6 – 24 – 9

a) Welche Zahlen kannst du durch 3 und 6 teilen?
b) Welche Zahlen kannst du durch 3, aber nicht durch 6 teilen?

6 Amir hat 18 €.

Jedes Buch nur 6 €.

? Wie viele Bücher kann er kaufen?

=

Antwort: ______________________________

1: Situation besprechen und Multiplikation zum Lösen nutzen
3: Divisionsaufgaben mit 6 als Folge notieren

APP

AH S. 70
ÜH S. 60

Multiplizieren mit 9

1 a) 6 · 9 =
5 · 9 =
1 · 9 =

b) 7 · 9 =
5 · 9 =
2 · 9 =

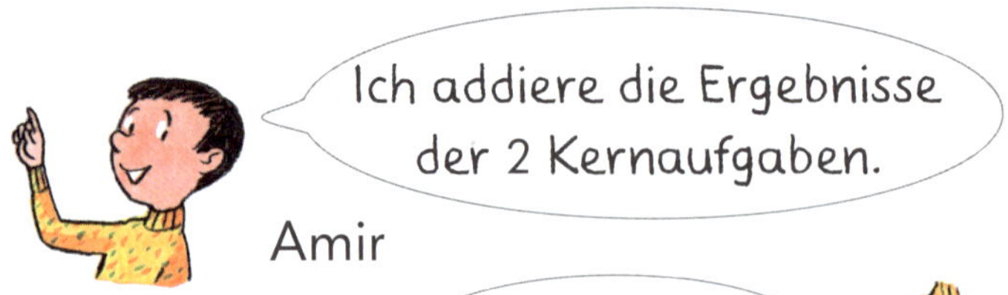

c) 9 · 9 =
10 · 9 =
1 · 9 =

d) 2 · 9 =
4 · 9 =

2 Rechne Aufgabe und Tauschaufgabe.

a) 9 · 1 =
· =
9 · 2 =
· =
9 · 10 =
· =

b) 9 · 5 =
· =
9 · 3 =
· =
9 · 6 =
· =

c) 9 · 4 =
· =
9 · 8 =
· =
9 · 0 =
· =

3 Schreibe die Malfolge der 9 in dein Heft. Markiere die Kernaufgaben.

4 Richtig *r* oder *f* falsch? Berichtige die Fehler.

a) 9 · 3 = 28 *f 27*
7 · 9 = 63
8 · 9 = 72

b) 9 · 6 = 56
4 · 9 = 32
0 · 9 = 9

c) 9 · 8 = 74
10 · 9 = 90
6 · 9 = 54

5 Setze das richtige Zeichen ein: < , > , = .

a) 5 · 9 ◯ 35
9 · 2 ◯ 18
8 · 9 ◯ 38

b) 9 · 7 ◯ 62
9 · 1 ◯ 1
3 · 9 ◯ 27

c) 9 · 9 ◯ 82
9 · 0 ◯ 0
6 · 9 ◯ 52

6 Finde zu jedem Ballon eine Malaufgabe mit 9.

S. 118 / 6
· 9 = 45

1 und 2: Kernaufgaben oder Tauschaufgaben zur Erarbeitung der Malfolge mit 9 nutzen
1 · 1-Tafel KV 9 (HRU) nutzen

APP
AH S. 71
ÜH S. 61

Dividieren durch 9

1 Wie oft muss der Fahrstuhl fahren bis alle Personen oben sind?

a) Es sind 27 Personen.

27 : 9 = ☐

☐ · 9 = 27

b) Es sind 18 Personen.

18 : 9 = ☐

☐ · 9 = 18

2 Löse Aufgabe und Umkehraufgabe im Heft.

a)	b)	c)	d)	e)
9 : 9	18 : 9	45 : 9	36 : 9	72 : 9
27 : 9	54 : 9	63 : 9	81 : 9	90 : 9

3 Schreibe die Divisionsaufgaben der 9 in dein Heft. Setze fort und löse.

0 : 9
9 : 9
☐ : 9
☐ : ☐

4 Bilde Aufgabenfamilien. Schreibe sie in dein Heft.

a) 4 ◯ 36

b) 45 ◯ 5

c) 7 63 ◯

5

a) ☐☐ : 9 = 4
☐☐ : 9 = 3

b) ☐☐ : 9 = 5
☐☐ : 9 = 8

c) 27 : ☐ = 9
9 : ☐ = 9

d) 63 : ☐ = 9
45 : ☐ = 9

6 6 – 12 – 18 – 25 – 9 – 27 – 20 – 24 – 30

a) Welche Zahlen kannst du durch 3 und 9 teilen?

b) Welche Zahlen kannst du durch 3, aber nicht durch 9 teilen?

7 a) Der Dividend ist 63. Der Divisor ist 9. Berechne den Quotienten.
b) Der Quotient ist 9. Der Divisor ist 81. Berechne den Dividenden.

1: Situation nachspielen und Multiplikation zum Lösen nutzen

Multiplizieren mit 7

1 Rechne Aufgabe und Tauschaufgabe in deinem Heft.

a)	b)	c)	d)	e)
1 · 7	5 · 7	4 · 7	3 · 7	9 · 7
2 · 7	10 · 7	8 · 7	6 · 7	7 · 7

2 Schreibe die Malfolge der 7 in dein Heft. Markiere die Kernaufgaben.

3 Finde die Nachbaraufgaben.

a)	b)	c)
2 · 7 =	· 7 =	· 7 =
3 · 7 =	5 · 7 =	7 · 7 =
· 7 =	· 7 =	· 7 =

4 Richtig *r* oder *f* falsch? Berichtige.

a)	b)	c)
5 · 7 = 30 *f*	4 · 7 = 28	9 · 7 = 64
7 · 7 = 49	3 · 7 = 21	8 · 7 = 58
2 · 7 = 16	6 · 7 = 46	1 · 7 = 0

5 Eine Woche hat 7 Tage.
Wie viele Tage sind es?

a) 4 Wochen
b) 6 Wochen
c) 9 Wochen

6 Finde zu jedem Ballon eine Malaufgabe mit 7. Schreibe in dein Heft.

7

a)	b)	c)	d)
· 7 = 35	· 7 = 63	7 · = 56	7 · = 49
· 7 = 14	· 7 = 70	7 · = 42	7 · = 63
· 7 = 28	· 7 = 49	7 · = 0	7 · = 28
· 7 = 7	· 7 = 21	7 · = 35	7 · = 21

8 Welche Aufgaben kannst du schon auswendig? Schreibe sie in dein Heft.

1: Tauschaufgaben zur Erarbeitung der Malfolge mit 7 nutzen
8: Als Rückmeldung, welche Aufgaben bereits automatisiert wurden
1 · 1-Tafel KV 9 (HRU) nutzen

APP

AH S. 72
ÜH S. 63

Dividieren durch 7

1 Schreibe die Divisionsaufgaben der 7 auf. Setze fort und löse.

0 : 7
7 : 7
___ : 7
___ : ___

2 a) 70 : 7 = ___
28 : 7 = ___
7 : 7 = ___
14 : 7 = ___
63 : 7 = ___

b) 42 : 7 = ___
35 : 7 = ___
56 : 7 = ___
49 : 7 = ___
21 : 7 = ___

3 Welche Zahlen kannst du nicht durch 7 teilen? Streiche sie durch.

4 a) ___ : 7 = 4
___ : 7 = 8

b) ___ : 7 = 6
___ : 7 = 9

c) 70 : ___ = 7
14 : ___ = 7

d) 21 : ___ = 7
49 : ___ = 7

5 In der Klasse 2 b sind 28 Kinder. 7 Kinder bilden eine Mannschaft.
Wie viele Mannschaften werden es? ___

6 Klara hat 56 Sticker.
Wie vielen Kindern kann sie 7 Sticker schenken? ___

7 Eine Woche hat 7 Tage.
Wie viele Wochen sind es?

a) 28 Tage ___
b) 63 Tage ___
c) 35 Tage ___
d) 14 Tage ___
e) 49 Tage ___
f) 42 Tage ___

8 Stellt euch gegenseitig Malaufgaben und Geteiltaufgaben mit 7.

7: Besprechen, dass eine Woche 7 Tage hat

Multiplizieren und Dividieren

1

a) 6 · 3 =
7 · 6 =
5 · 9 =
4 · 7 =
8 · 6 =

b) 9 · 3 =
3 · 7 =
9 · 9 =
0 · 6 =
8 · 3 =

c) 90 : 9 =
49 : 7 =
27 : 3 =
24 : 6 =
56 : 7 =

d) 36 : 6 =
45 : 9 =
27 : 9 =
54 : 6 =
81 : 9 =

0 3 4 5 6 7 8 9 9 9 10 18 21 24 27 28 42 45 48 81

2 Schreibe die Aufgaben ins Heft und löse sie.

a)

b)

c)

2 3 3 4 4 5 6 6 7 8 9 9 18 24 30 42 48 54

3

a) 8 · ☐ = 48
5 · ☐ = 35
7 · ☐ = 63
4 · ☐ = 36

b) ☐ · 3 = 21
☐ · 6 = 42
☐ · 7 = 49
☐ · 9 = 72

c) ☐ : 3 = 9
☐ : 6 = 3
☐ : 7 = 9
☐ : 9 = 5

d) 42 : ☐ = 6
21 : ☐ = 3
36 : ☐ = 6
72 : ☐ = 8

4

a)

·	3	9	7		
4					16
6				36	

b)

·	3	6	9		
7					56
9				63	

5 Setze das richtige Zeichen ein: < , > , = .

a) 5 · 3 ◯ 17
3 · 7 ◯ 24
4 · 9 ◯ 36

b) 45 : 9 ◯ 9
35 : 7 ◯ 4
72 : 9 ◯ 8

c) 9 · 3 ◯ 28
48 : 6 ◯ 9
7 · 7 ◯ 52

d) 18 : 3 ◯ 5
5 · 9 ◯ 42
24 : 6 ◯ 4

6 Frau Awad hat 30 €.
Wie viele Wurfringe kann sie dafür kaufen?

3: Bei Bedarf Aufgaben handelnd lösen

APP
AH S. 73
ÜH S. 65–66

7 Richtig *r* oder *f* falsch? Berichtige.

a) 7 · 3 = 28 *f*
3 · 9 = 27
6 · 7 = 42
4 · 6 = 16

b) 35 : 7 = 5
81 : 9 = 8
21 : 3 = 4
72 : 8 = 9

c) 7 · 8 = 56
8 · 0 = 8
24 : 6 = 6
25 : 5 = 5

8

a) ☐ · 4 = 16
☐ · 5 = 30
☐ · 2 = 18
☐ · 8 = 56

b) 7 · ☐ = 14
3 · ☐ = 15
9 · ☐ = 27
7 · ☐ = 49

c) 27 : ☐ = 9
72 : ☐ = 8
64 : ☐ = 8
15 : ☐ = 5

d) 40 : ☐ = 5
24 : ☐ = 4
32 : ☐ = 8
18 : ☐ = 3

9 Für den Sportunterricht werden 6 große Softbälle und 9 kleine Softbälle gekauft.

a) ? Was kosten die großen Softbälle?

=

💬

b) ? Was kosten die kleinen Softbälle?

=

💬

c) ? Was kosten alle Softbälle zusammen?

=

💬

10 Löse alle Aufgaben im Kopf.

a) 4 →(· 6) ◯ →(: 8) ◯ →(· 10) ◯ →(: 5) ◯

b) 6 →(· 2) ◯ →(: 4) ◯ →(· 7) ◯ →(: 3) ◯

9: Sachaufgaben mithilfe der didaktischen Schrittfolge beantworten
10: Differenzierung: alle Teilergebnisse notieren

BIST DU FIT?

1 Gib immer die Vormittagszeit und die Nachmittagszeit an.

a) 

___ : ___ Uhr
___ : ___ Uhr

b) 

___ : ___ Uhr
___ : ___ Uhr

c) 

___ : ___ Uhr
___ : ___ Uhr

d) 

___ : ___ Uhr
___ : ___ Uhr

2 Ergänze zur nächsten vollen Stunde.

a) 6:45 Uhr —+ ___ min→ 7:00 Uhr
b) 15:30 Uhr —+ ___ min→ 16:00 Uhr
c) 8:15 Uhr —+ ___ min→ 9:00 Uhr
d) 14:35 Uhr —+ ___ min→ 15:00 Uhr
e) 3:10 Uhr —+ ___ min→ 4:00 Uhr
f) 12:20 Uhr —+ ___ min→ 13:00 Uhr

3

a)	b)	c)	d)
4 · 5 = ___	6 · 8 = ___	5 · ___ = 35	___ · 8 = 56
3 · 7 = ___	7 · 4 = ___	9 · ___ = 45	___ · 9 = 36
9 · 1 = ___	9 · 3 = ___	6 · ___ = 42	___ · 1 = 8
8 · 6 = ___	7 · 7 = ___	3 · ___ = 24	___ · 7 = 63

4

a)	b)	c)	d)
36 : 6 = ___	50 : 5 = ___	21 : ___ = 3	___ : 8 = 8
28 : 7 = ___	27 : 3 = ___	45 : ___ = 5	___ : 6 = 9
56 : 8 = ___	32 : 4 = ___	32 : ___ = 4	___ : 7 = 8
45 : 5 = ___	48 : 6 = ___	56 : ___ = 8	___ : 9 = 6

5

a) Der 1. Faktor ist 4, der 2. Faktor ist 7. Berechne das Produkt.

b) Berechne das Produkt aus 6 und 8.

c) Der Dividend ist 42. Der Divisor ist 7. Berechne den Quotienten.

d) Berechne den Quotienten aus den Zahlen 45 und 5.

Aufgaben als Rückmeldung über den Leistungsstand nutzen
KV 1 (HRU) nutzen

APP

PH S. 8 und 13

1 · 1 – schnell gemerkt

1 Wer bekommt die meisten Plättchen?

2 Wer hat die meisten Karten?
Legt Karten mit Malaufgaben verdeckt auf einen Stapel.

3 a) Spielt Bingo mit der Malfolge der 6.
Legt 11 Karten mit den Ergebnissen der Malfolge der 6 auf einen Stapel.
Jeder trägt Malaufgaben der 6 in sein Bingofeld ein.

b) Spielt Bingo mit einer anderen Malfolge.

Der Kalender

1 Das ist Milas Wochenplan.

a) Wie viele Tage hat eine Woche?
b) Wann muss Mila zum Zahnarzt?
c) Wann hat Milas Oma Geburtstag?
d) Was macht Mila am Sonntag?
e) Wem hilft sie am Freitag?
f) Stelle weitere Fragen.

Montag	Reiten
Dienstag	Zahnarzt
Mittwoch	Oma Geburtstag
Donnerstag	Flötenunterricht
Freitag	Mama helfen
Samstag	Kino
Sonntag	Spielen mit Max

2 Was hast du in dieser Woche vor?

3 Ordne die Wochentage richtig zu.

Dienstag Donnerstag Montag Freitag

vorgestern gestern heute morgen übermorgen

Mittwoch

4 Stellt euch gegenseitig Fragen zu: heute, gestern, vorgestern, morgen und übermorgen.

5 Familie Elsner fährt 21 Tage in den Urlaub.

? Wie viele Wochen sind das?

=

6 Die Sommerferien dauern 6 Wochen.

? Wie viele Tage haben alle Kinder schulfrei?

=

1: Tage der Woche einführen und Wochenplan lesen 3: Begriffe „heute", „gestern", „morgen" und „übermorgen" einführen und den Wochentagen zuordnen; Zuordnung weiterer Beispiele
5 und 6: Sachsituation lösen, Umrechnen von Wochen in Tage und umgekehrt

APP

AH S. 74
ÜH S. 67

7 Sprecht über den Jahresablauf.

8
a) Wie viele Monate hat ein Jahr?
b) Welcher Monat ist der 4., der 6., der 9. im Jahr?
c) Welcher Monat kommt vor April? Wie viele Tage hat er?
d) Welcher Monat folgt dem Juli? Wie viele Tage hat er?
e) Welche Monate liegen zwischen September und Dezember?
f) Stellt weitere Fragen zu den Monaten.

9
a) An welchen Tagen haben die Mathefreunde Geburtstag?

b) Schreibe das Geburtsdatum kürzer.

Mila: 1. März = 1. 3.
Amir:
Klara:
Max:
Ben:
Lisa:
Leo:
Anna:

10 Welcher Wochentag ist es? Schau im Kalender nach.

a) 11. Juni ____________
c) Heiligabend ____________
b) 2. 11. ____________
d) dein Geburtstag ____________

9: Geburtstage in einem aktuellen Kalender finden und in verkürzter Form aufschreiben
10: Speziellen Angaben das Datum zuordnen, Wochentage im aktuellen Kalender finden

Wahrscheinlichkeit

1 Möglich, unmöglich oder sicher? Verbinde.

Ein Hund steht auf der Sonne.

Morgen habe ich kein Mathe.

Nach Februar kommt März.

Das ist sicher, denn es passiert auf jeden Fall.

Das ist möglich, denn es kann passieren, muss aber nicht.

Das ist unmöglich, denn es passiert nie.

2 Sicher, möglich oder unmöglich? Begründe.

a) Im Januar fällt Schnee.
b) Ein Würfel hat 6 Flächen.
c) Nach der Nacht kommt der Tag.
d) In der Mathestunde rechne ich Aufgaben.
e) Mein Opa wohnt auf der Sonne.
f) Ich laufe schneller als meine Mutter.
g) Meine Lehrerin fährt mit dem Fahrrad zur Schule.
h) Bei Mensch ärgere dich nicht würfle ich 3 mal nacheinander eine 6.
i) Ostern gehe ich im Pool baden.
j) Wenn ich einen Stift fallen lasse, fliegt er in die Luft.
k) Wenn ich 2 gerade Zahlen addiere, ist die Summe eine gerade Zahl.

3 Finde selbst Beispiele, die sicher, möglich oder unmöglich sind.

1: Über die Bedeutung der Begriffe „sicher“, „möglich“ und „unmöglich“ sprechen und mithilfe von Beispielen aus der Umwelt beschreiben
2: Aussagen begründen, um Begriffe zu festigen

APP

AH S. 75

4 Amir dreht am Glücksrad. Welche Ergebnisse sind möglich, unmöglich und sicher? Begründe.

a) Amir dreht auf ein blaues Feld.
b) Amir dreht auf ein grünes Feld.
c) Amir dreht auf ein blaues oder gelbes Feld.

5 Richtig *r* oder *f* falsch? Begründe.

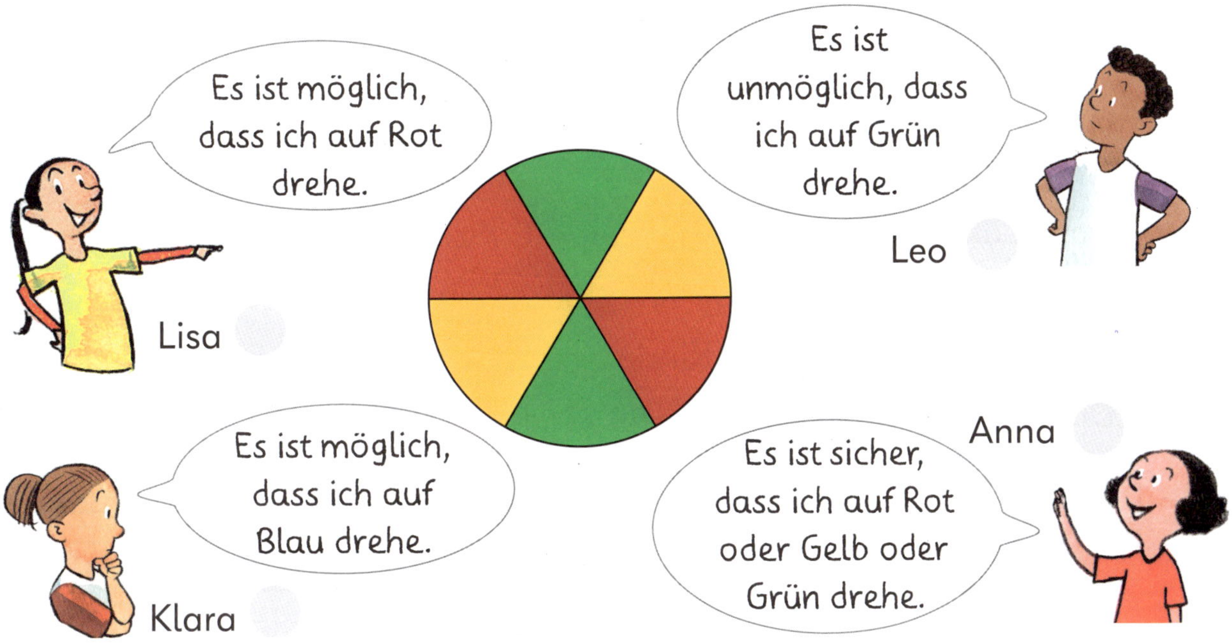

6 Zu welchem Glücksrad passt die Aussage? Verbinde.

A

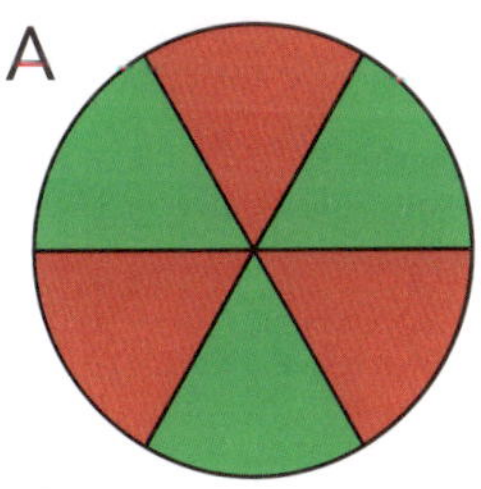

a) Es ist möglich, dass Gelb gewinnt.
b) Es ist möglich, dass Grün gewinnt.
c) Es ist sicher, dass Rot oder Grün gewinnt.
d) Es ist unmöglich, dass Blau gewinnt.
e) Es ist unmöglich, dass Lila gewinnt.

B

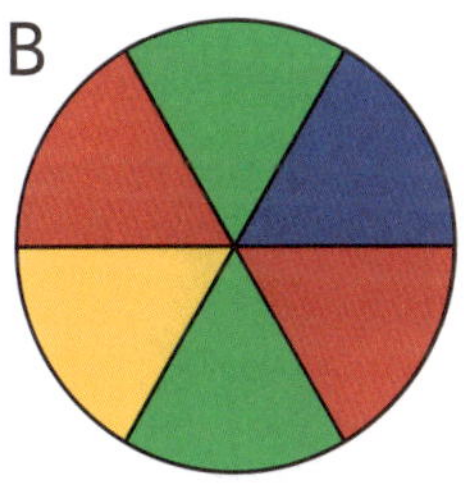

7 Grün gewinnt: Welches Glücksrad aus **6** würdest du wählen? Begründe.

Einschätzen von Wahrscheinlichkeiten an verschiedenen Glücksrädern, dazu die Anzahl der gleichfarbigen Flächen ermitteln; die Anordnung der Flächen ist irrelevant.
KV 15 (HRU) nutzen

APP AH S. 75

Sammeln und Lesen von Daten

1 Die Schule im Park möchte ein neues Spielgerät für den Spielplatz kaufen. Die Kinder der Schule haben abgestimmt. Lies die Tabelle und ergänze die Sätze.

Klasse	Tischtennisplatte 	Reck 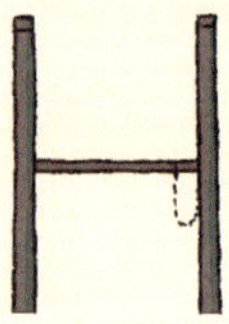	Kletterspinne 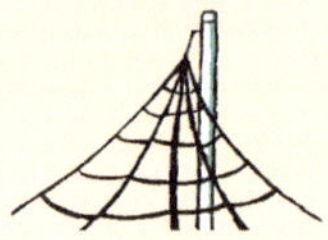	Fußballtor 
1	8	6	9	3
2	15	1	3	4
3	4	13	2	5
4	3	9	1	12

a) Das Reck wählten ___ Kinder der 1. Klasse.

b) Die Kletterspinne wählten ___ Kinder der 2. Klasse.

c) Insgesamt wählten ___ Kinder die Tischtennisplatte.

d) Die Kletterspinne wählten ___ Kinder der 3. Klasse.

e) Die meisten Kinder wählten ___________________.

2 In den Klassen 1 und 2 haben die Jungen und Mädchen unterschiedlich gewählt. Welche Aussagen gehören zu welcher Tabelle?

Klasse 1	T	R	K	F
Jungen	3	1	7	2
Mädchen	5	5	2	1

Klasse 2	T	R	K	F
Jungen	7	0	1	1
Mädchen	8	1	2	3

a) Die meisten Jungen der Klasse wählen die Tischtennisplatte.

b) Es wählten mehr Mädchen als Jungen das Fußballtor.

c) Kein Junge wählt das Reck.

d) Es wählten mehr Jungen als Mädchen die Kletterspinne.

e) In der Klasse wählten 5 Jungen mehr als Mädchen dieses Spielgerät.

2: Abkürzungen in den Tabellen besprechen und Werte aus zwei verschiedenen Tabellen vergleichen

APP
AH S. 76
ÜH S. 68

3 Der Eisverkäufer war am Montag an der Schule.

a) Wie viele Kugeln Erdbeereis hat er verkauft?
b) Welche Eissorte wurde am meisten verkauft?
c) Welche Eissorte wurde am wenigsten verkauft?
d) Wie viele Kugeln Eis hat er insgesamt verkauft?

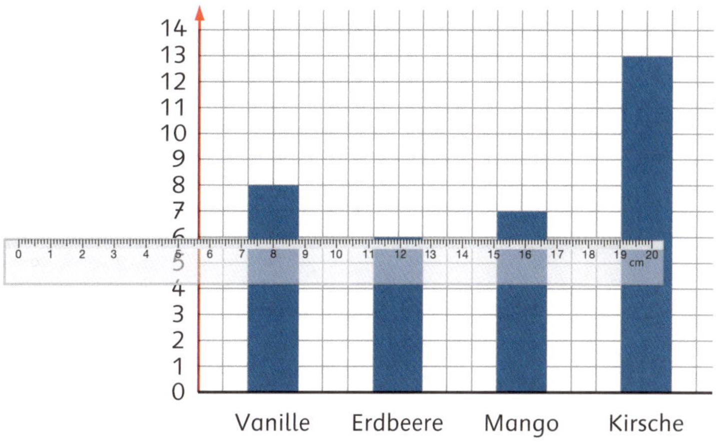

4 Am Dienstag und Mittwoch wurde auch Eis verkauft.
Ben hat ein Diagramm gezeichnet. Für welchen Tag hat er das Diagramm gezeichnet? Begründe.

Dienstag

Eissorte	Vanille	Erdbeere	Mango	Kirsche
Anzahl	7	11	2	5

Mittwoch

Eissorte	Vanille	Erdbeere	Mango	Kirsche
Anzahl	5	13	9	8

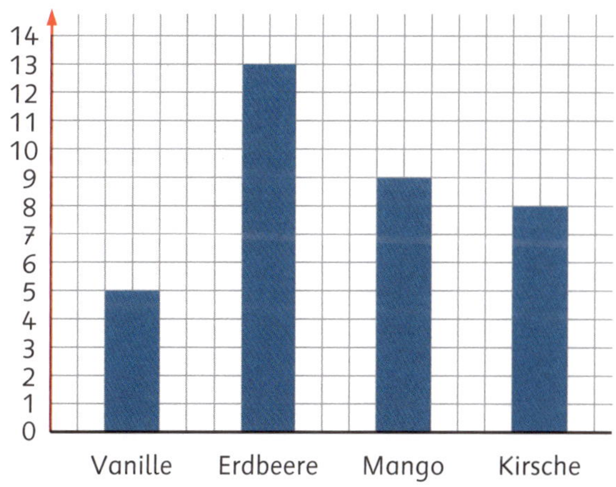

5 Wie viel Geld hat der Eisverkäufer am Montag, Dienstag und Mittwoch jeweils bekommen?

Preise:
Vanilleeis 1 Euro
Fruchteis 2 Euro

3: Thematisieren, dass die Werte an der senkrechten Achse abgelesen werden; das Anlegen des Lineals dient der besseren Lesbarkeit
4: Daten in unterschiedlichen Darstellungen lesen und vergleichen

APP
AH S. 76
ÜH S. 68

Kombinieren

1 Max möchte sich für den Ausflug anziehen.
Finde verschiedene Möglichkeiten.

2 Jedes Kind wählt ein Getränk und ein Obst.
Finde verschiedene Möglichkeiten.

3 Jedes Kind kann sich sein Brot selbst belegen.
Dazu wählt jedes Kind ein Gemüse und einen Belag.
Finde verschiedene Möglichkeiten.

Paprika **T**omate **G**urke **S**alat

Wurst **K**äse **E**i

Kombinatorischer Aspekt der Multiplikation
1: Verschiedene Möglichkeiten durch Probieren finden, KV 16 (HRU) nutzen
2 und 3: Aufgaben durch Probieren oder systematisches Vorgehen wie im Hefteintrag lösen

APP

AH S. 77
ÜH S. 69

4 Wie heißen die Fantasietiere?

a) Mische Kopf und Körper.

I G E L
I W E

b) Mische, Kopf, Körper und Schwanz.

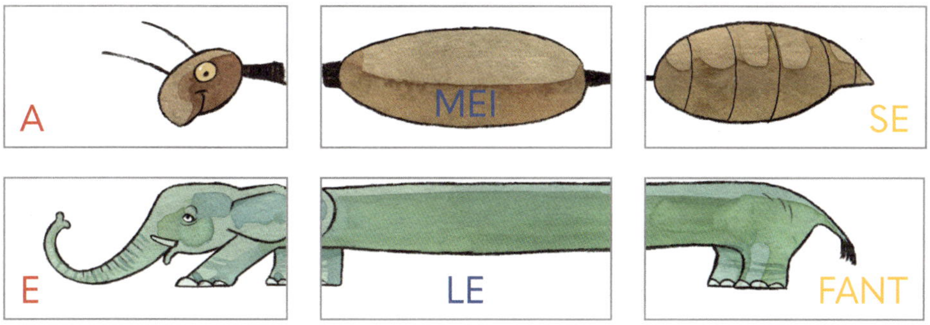

5 Die Kinder gehen vom Eingang zum Spielplatz, dann zur Station und danach zum Ausgang. Sie können immer nur einen Weg wählen. Welche Möglichkeiten gibt es?

A a 1
A b 1

4: Fantasietiere legen und zum systematischen Probieren hinführen; KV 17 (HRU) nutzen

Kilogramm und Gramm

1 a) Vergleicht folgende Gegenstände nach ihrer Masse.

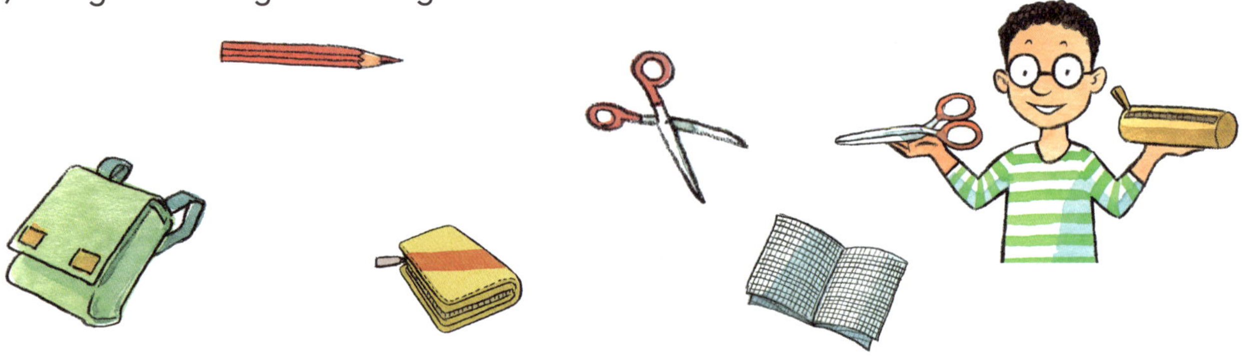

ist leichter als | sind gleich schwer | ist schwerer als

b) Ordnet die Gegenstände. Beginnt mit dem leichtesten.

2 a) Baut eine Bügelwaage.
Erklärt, wie sie funktioniert.

b) Probiert aus.
Was ist so schwer wie ein Füller?
Was ist leichter als eine Schere?
Was ist schwerer als ein Radiergummi?

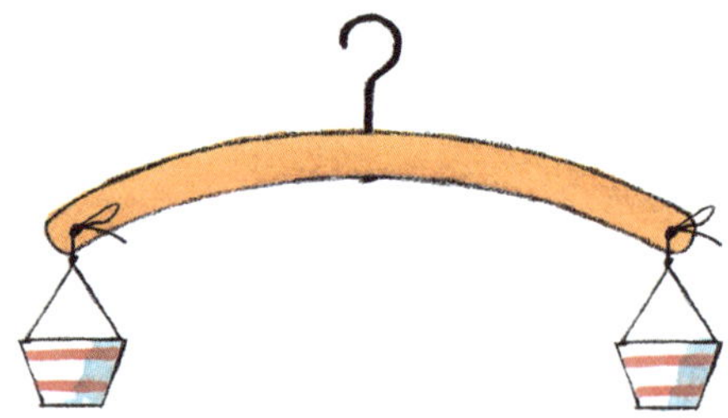

3 Genaue Angaben über die Masse von Gegenständen geben Waagen.

a) Ordne den folgenden Waagen den richtigen Namen zu.

b) Wozu werden die Waagen benutzt?

Küchenwaage

Federwaage

Briefwaage

Tafelwaage

Personenwaage

Supermarktwaage

1: Begriffe „ist leichter als“, „sind gleich schwer“ und „ist schwerer als“ zur Beschreibung nutzen
2: Waage bauen (1 Bügel, 2 Säckchen) und Fragen durch Ausprobieren beantworten
3: Namen und Verwendungszweck der Waagen besprechen

APP

4 Erkunde, was etwa 1 g, 100 g oder 1 kg wiegt.

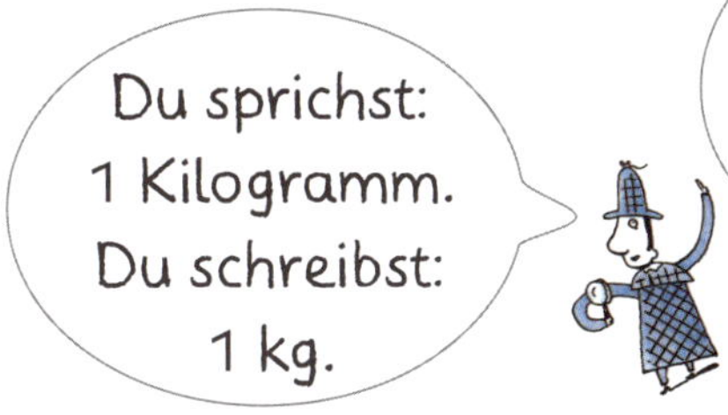

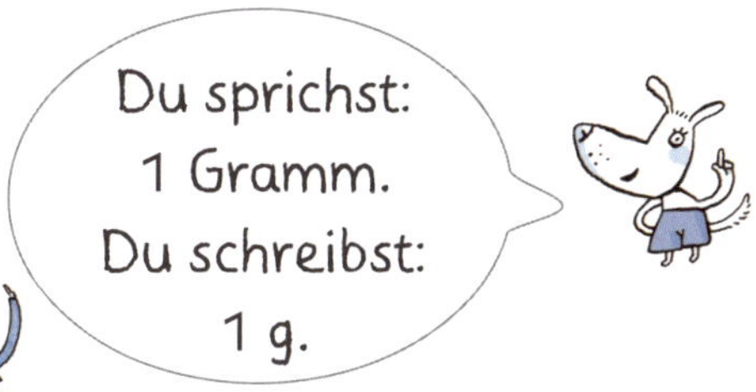

MERKE DIR

Die Masse wird in Kilogramm (kg) und Gramm (g) angegeben.

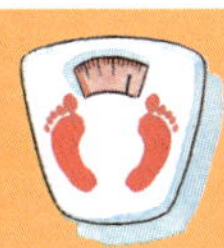

5 Gramm oder Kilogramm? Trage ein.

a) 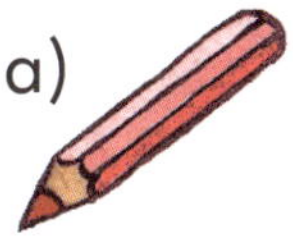

b) 

c) 

d) 

e) 

f) 

6 Welche Einheit passt? Male aus.

a) 

9 g | 9 kg

b) 

6 g | 6 kg

c) 

1 g | 1 kg

d) 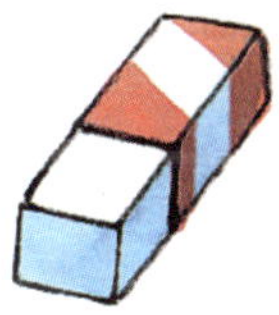

15 g | 15 kg

e) 

100 g | 100 kg

f) 

15 g | 15 kg

g) 

60 g | 60 kg

h) 

10 g | 10 kg

7 Findet Bilder in Zeitungen oder Prospekten mit Angaben von Gramm und Kilogramm. Klebt sie auf.

4: Kilogramm und Gramm einführen; Repräsentanten für 1 kg, 100g und 1g finden
5 und 6: Einheiten richtig zuordnen und Stützpunktvorstellungen entwickeln
7: Umweltbezug herstellen

BIST DU FIT?

1 a) Morgen ist ________.

b) Übermorgen ist ________.

c) Gestern war ________.

d) Vorgestern war ________.

2 Welche Monate sind gesucht?

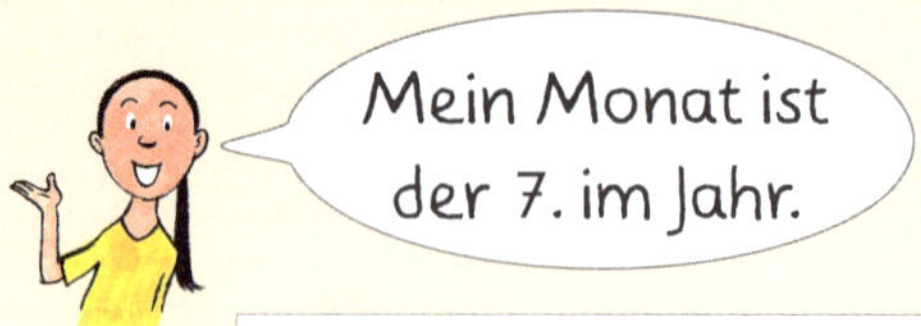

Lisa ________

Amir ________

Ben ________

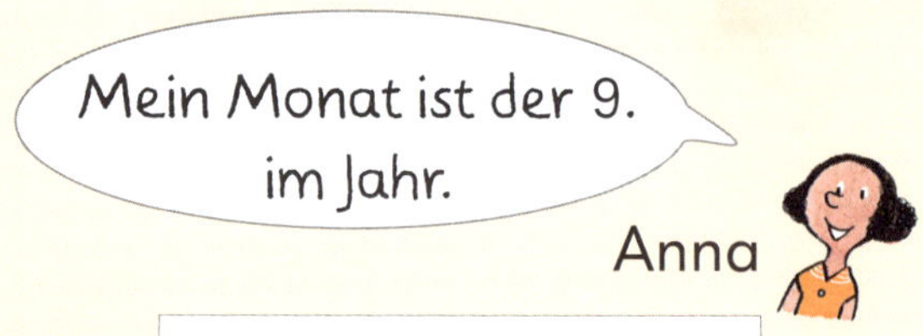

Anna ________

3 Es ist ________, dass es Ostern schneit.

Es ist ________, dass Menschen auf der Sonne wohnen.

Es ist ________, dass der Monat Januar 31 Tage hat.

4 Einige Kinder haben Fahrzeuge gezählt.
Sie haben dazu ein Diagramm gezeichnet.
Richtig oder falsch?

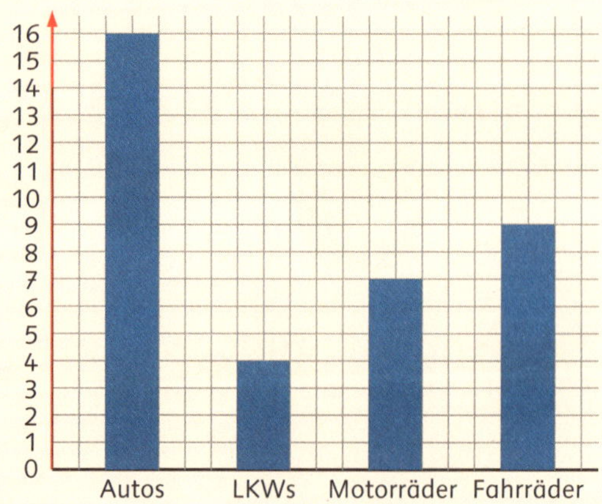

a) Es wurden 5 LKWs gezählt.

b) Es wurden 9 Fahrräder gezählt.

c) Es wurden mehr Motorräder als Fahrräder gezählt.

d) Er wurden insgesamt 38 Fahrzeuge gezählt.

e) Es wurden insgesamt 20 Fahrzeuge mit 4 Rädern gezählt.

Aufgaben als Rückmeldung über den Leistungsstand nutzen
KV 1 (HRU) nutzen

APP

PH S. 13

Was ist wahrscheinlicher?

Wer ist als Erster im Ziel?

Spiele mit 2 bis 4 Spielern.
Wähle eine Regel
und gehe immer
ein Kästchen vorwärts.

gerade Zahlen

ungerade Zahlen

Spiel sollte mehrfach mit unterschiedlichen Regeln gespielt werden

Mathematik und Kunst

Dieses Bild gestaltete der russische Maler Wassily Kandinsky. Es heißt „Quadrate mit konzentrischen Ringen“. Wassily Kandinsky hat sich sehr viel mit Formen, Farben und deren Wirkung beschäftigt.

1 Betrachte das Bild. Was fällt dir auf?

2 Welches Quadrat ist es?

3 Stellt euch gegenseitig solche Rätsel.

Informationen zu Wassily Kandinsky finden
1: Bild betrachten und besprechen, dabei Wortspeicher nutzen
2 und 3: Rätsel lösen und eigene Rätsel zum Bild formulieren

4 Male wie Wassily Kandinsky.
Klebt eure Bilder zu einem großen Bild zusammen.

5 a) Wie sehen Bilder aus, wenn du sie mit einem Zirkel oder eine Schablone zeichnest?

b) Du kannst auch mit anderen Formen malen.
Wie sieht so ein Bild mit Quadraten oder Dreiecken aus?

4 und 5: Eigenes Bild nach Anregungen auch mit digitalen Geräten gestalten, auch verschiedene Formen ausprobieren, Unterschiede in der Wirkung besprechen

Mathematik zum Knobeln

1

Lege mit 8 Stäbchen ein Quadrat.

Leo

Lege mit 5 Stäbchen 2 Dreiecke.

Ben

Lege mit 7 Stäbchen 2 Quadrate.

Klara

2 a) Nimm 2 Stäbchen weg.
Es entstehen 3 Quadrate.

b) Nimm 2 Stäbchen weg.
Es entstehen 4 Quadrate.

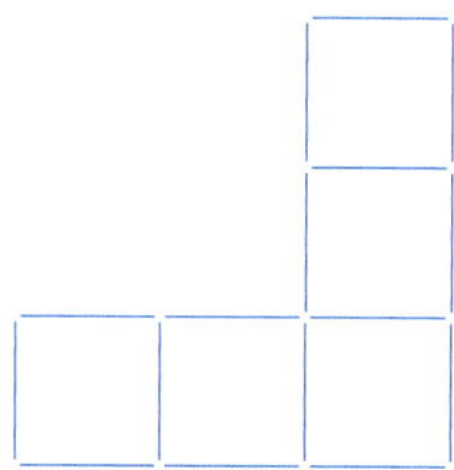

c) Nimm 2 Stäbchen weg.
Es entstehen 2 Dreiecke.

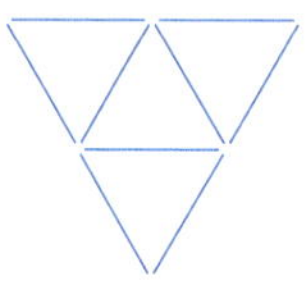

3 a) Lege 1 Stäbchen um.
Es entstehen 2 Häuser.

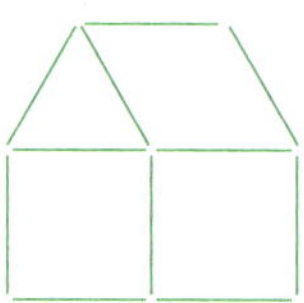

b) Lege 3 Stäbchen um.
Es entstehen 3 Quadrate.

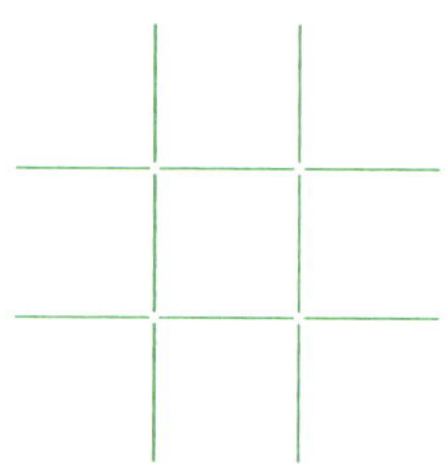

c) Lege 2 Stäbchen um.
Es entstehen 3 Dreiecke.

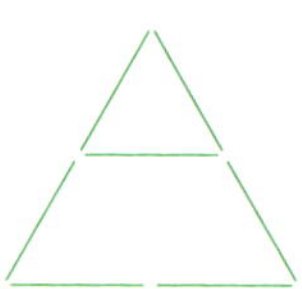

1 bis 3: Lösungen mit Stäbchen durch Nachlegen, Wegnehmen und Umlegen finden

4 Addiere alle Zahlen, die du siehst.
Welche Summe ergeben sie?

5 Bilde aus 7 Vieren eine Aufgabe mit dem Ergebnis 100.

6 In der dritten Reihe fehlt ein Bild. Welches ist es? Kreuze an.

a)

b)

7 Amir hat ein Tier aus Steckwürfeln gebaut.
Wie viele Würfel hat er gebraucht?

Amir hat ☐☐ Würfel gebraucht.

5: Aufgabe durch Probieren lösen
7: Lösung durch Zählen oder Nachbauen finden

Die Zahlen bis 100

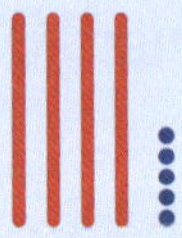

Z	E
4	5

40 + 5 = 45

Schreibe: 45

Sprich: fünfundvierzig

Addieren

Summand Summand Summe

31 + 25 = 56

(31 + 25: Summe)

Subtrahieren

Minuend Subtrahend Differenz

56 – 25 = 31

(56 – 25: Differenz)

Rechenenwege der Addition und Subtraktion

Die kleine Aufgabe hilft.

42 + 3 = 45
weil 2 + 3 = 5

58 – 2 = 56
weil 8 – 2 = 6

Immer zum nächsten Zehner. Ich zerlege die 2. Zahl.

28 + 5 = 33
28 + 2 = 30
30 + 3 = 33

42 – 6 = 36
42 – 2 = 40
40 – 4 = 36

Ich zerlege die 2. Zahl. Dann rechne ich zuerst die Zehner und danach die Einer.

37 + 25 = 62
37 + 20 = 57
57 + 5 = 62

43 – 25 = 18
43 – 20 = 23
23 – 5 = 18

Multiplizieren

Faktor Faktor Produkt

3 · 4 = 12

(3 · 4: Produkt)

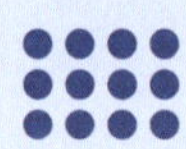

Dividieren

Dividend Divisor Quotient

12 : 4 = 3

(12 : 4: Quotient)

APP

Tauschaufgaben

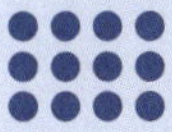

4 · 3 = 12

3 · 4 = 12

Die Faktoren kannst du vertauschen.
Das Produkt bleibt gleich.

Umkehraufgaben

4 · 3 = 12

12 : 3 = 4

Kernaufgaben

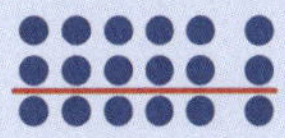

3 · 6 = 18

2 · 6 = 12

1 · 6 = 6

Gerade und ungerade Zahlen

Alle geraden Zahlen haben im Einer eine 0 2 4 6 oder 8.
Alle ungeraden Zahlen haben im Einer eine 1 3 5 7 oder 9.

Längen

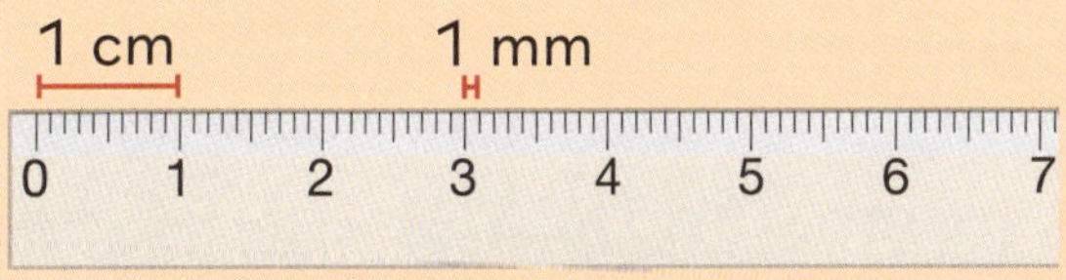

Ein Zentimeter sind 10 Millimeter.
1 cm = 10 mm

Ein Meter sind 100 Zentimeter.
1 m = 100 cm

Zeit

Ein Tag hat 24 Stunden.
Er beginnt um 0 Uhr und endet um 24 Uhr.

Eine Stunde hat 60 Minuten.
1 h = 60 min

Körper

Ein **Rechteck** ist ein Viereck mit **4 rechten Winkeln**. Die gegenüber liegenden Seiten sind **parallel zueinander** und **gleich lang**.

Ein **Quadrat** ist ein Viereck mit **4 rechten Winkeln**. Die gegenüber liegenden Seiten **sind parallel zueinander**. Alle Seiten sind **gleich lang**.

Geraden, Punkte und Strecken

×P Punkt P

A B Strecke $\overline{AB}$

g Gerade g

G g Punkt G auf Geraden g

Parallel zueinander

Die Geraden g und h sind **parallel zueinander**.

Schreibe: g ∥ h
Sprich: g ist parallel zu h

Senkrecht zueinander

Die Gerade g und die Gerade h sind **senkrecht zueinander**. Sie bilden 4 rechte Winkel.

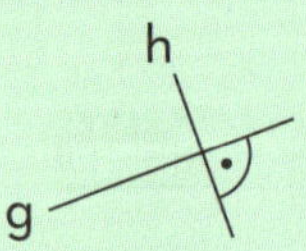

Schreibe: g ⊥ h
Sprich: g ist senkrecht zu h
Schreibe: ⊾
Sprich: rechter Winkel

Achsensymmetrie

Eine Figur ist **symmetrisch**, wenn beide Hälften deckungsgleich sind. Sie spiegeln sich an der Spiegelachse (Symmetrieachse).

| Symmetrieachse